Petra Polk

Like

Vorwort

Liebe Leserin, lieber Leser,
danke, dass Sie dieses Buch gekauft haben. Es macht mich unglaublich stolz, dass Sie sich die Zeit nehmen und dieses Buch lesen. Ich habe es nämlich für Sie geschrieben! Und das hat mir sehr viel Spaß gemacht. Es ist mein Debüt – und ich schreibe über Netzwerken. Über was sonst? Das ist schließlich mein Lieblingsthema! Wenn jemand zu diesem Thema etwas zu sagen hat, dann bin ich es. Sie dürfen sich auf den nächsten Seiten auf viel Insiderwissen und unterhaltsame Storys aus der Praxis freuen. Was Sie vermutlich nicht gewusst haben: Petra Polk war früher gar keine Netzwerkerin! Klingt paradox? Ja! Denn inzwischen bin ich Deutschlands Netzwerk-Expertin Nummer 1 – und ich kann mir ein Leben ohne Netzwerken nicht mehr vorstellen. Jetzt werden Sie sich fragen, was für Netzwerkexpertin Nr. 1 spricht. Ich bin bei meinen Netzwerkaktivitäten sehr mobil und habe im deutschsprachigen Raum einen sehr großen Radius, in dem ich super vernetzt bin. Das wird vor allem durch Social Media möglich. Denn ich verstehe es optimal, virtuelle und persönliche Aktivitäten zu verknüpfen. Und ich rede nicht nur über Netzwerken, sondern lebe es auch. Ich finde es großartig, dass auch Sie sich für dieses spannende und zunehmend wichtiger werdende Thema interessieren. Haben Sie sich auch schon einmal die Frage gestellt: *Wofür soll das denn gut sein? Netzwerken, weshalb braucht man das?* Also ich selbst habe mich das früher häufig gefragt. Und heute fragen andere mich. Die Antwort lautet: Ja, Sie brauchen Netzwerke und Netzwerken ist notwendig und wichtig. Die gute Nachricht ist: Es funktioniert auch immer, egal wo! Ob im Privaten oder im Beruflichen. Ob Sie nun Freunde suchen, einen Friseur, einen Lebenspartner, einen Babysitter, einen Handwerker oder eine Putzfrau, ob Sie einen Job suchen oder Karriere im Show-Bussiness machen wollen, ein

Auto kaufen möchten oder Charity-Kontakte knüpfen wollen. Ohne Netzwerk geht dabei wenig oder gar nichts!

Bis ich selbst die Notwendigkeit und Bedeutung des Netzwerkens verinnerlicht habe, vergingen einige Jahre. Es hat eine Weile gedauert, bis ich wirklich neugierig auf das Thema Netzwerken wurde und es aktiv in mein Leben integriert habe. Weil ich merkte, dass es nicht nur mir so geht, und um auch anderen eine Netzwerk-Plattform zu bieten, habe ich 2010 schließlich mein eigenes Business-Netzwerk gegründet: W.I.N – WOMEN IN NETWORK. Sie werden also auf den nächsten Seiten Informationen aus erster Hand bekommen und sehr viel Persönliches von mir erfahren. Es ist mir ein Herzensanliegen, nicht nur meine eigenen Erlebnisse mit Ihnen zu teilen – die guten wie die schlechten –, sondern Ihnen auch Profitipps weiterzugeben, was Sie beim erfolgreichen Netzwerken beachten sollten. Ich schöpfe dabei aus meinem Erfahrungsschatz und habe zusätzlich hochinteressante Interviewpartner dazu befragt, um Ihnen auch andere Blickwinkel zu bieten.

Fakt ist: Netzwerken kann wirklich jede®!

Auf den nächsten Seiten erfahren Sie, wie Netzwerken so richtig leicht geht und Sie zum Erfolg bringt. Denn alles, was leicht geht, macht Spaß.

Ich wünsche Ihnen viele Aha-Momente beim Lesen!

Ihre Petra Polk

Inhaltsverzeichnis

Als Netzwerkerin wirst du nicht geboren!

Ich lese leidenschaftlich gerne Biografien, weil ich aus ihnen unheimlich viel für mich selbst mitnehmen kann. Es ist wichtig, finde ich, die Geschichte eines Menschen zu kennen. Deshalb lade ich Sie hiermit ein, mehr über meinen eigenen Lebensweg zu erfahren – und wie dieser mich schließlich dazu geführt hat, Netzwerk-Expertin zu werden. Wenn Sie sich nicht unbedingt für meine Biografie interessieren, können Sie diese Einleitung getrost überspringen und sofort in Kapitel 1 einsteigen (Seite 17).

Werfen wir einen Blick auf den Anfang. Geboren wurde ich in einer Kleinstadt im Osten mit 4.000 Einwohnern. Erstmals von dort „rausgekommen" bin ich mit dem Start in die Ausbildung, das war im Jahre 1981. Aber eigentlich auch nur deshalb, weil es mit dem Studienplatz als Lehrerin nicht geklappt hatte. Studienplätze waren damals in der DDR sehr begrenzt und streng reglementiert. Meine Noten waren überdurchschnittlich, daran konnte keiner rütteln. Also, wie funktioniert das sonst mit dem Aussieben? Ähnlich wie bei der Bundeswehr: Natürlich mittels eines Arztes! Der untersuchte mich wenige Sekunden und sagte dann zu mir: „Petra Möller (das ist mein Mädchenname), Sie sind nicht stimmtauglich. Sie können den Beruf der Lehrerin nicht ergreifen." Ein Satz und alle meine Träume zerplatzten. Tränen über Tränen liefen mir die Wangen hinab. Was nun? Meine Mutter arbeitete damals im Einzelhandel und es war naheliegend, dass auch ich Verkäuferin werden sollte. Es gab kaum Alternativen, und deshalb entschied ich mich für die Ausbildung „Verkäuferin mit Abitur", so hieß das damals. Im Zuge dieser Ausbildung konnte ich gleichzeitig meine Hochschulreife erlangen. Dieser Ausbildungsplatz wurde nur im 250 Kilometer entfernten Frankfurt Oder angeboten und das passte perfekt, denn ich wollte unbedingt möglichst weit von zu Hause weg. Hurra, endlich raus aus der Kleinstadt und aus dem Elternhaus ins Internat! Wenn Sie jetzt vermuten, dass schon dort meine Netzwerkkarriere begann, muss ich Sie enttäuschen. Nicht ganz. Denn bevor ich überhaupt umzog und meine Ausbildung begann, verliebte ich mich im Mai 1981 bis über beide Ohren. Das hatte zur Folge, dass ich doch gar nicht so oft im Internat in Frankfurt Oder war, denn die Liebe zog mich fast jedes Wochenende in meine Heimatstadt Wittichenau. Ja, das Leben hält immer viele Überraschungen bereit. Die Strecke Frankfurt Oder–Wittichenau legte ich damals schon mit der Bahn zurück. Jedes Wochenende! Bahnfahren fand ich cool, da hatte ich endlich Zeit, um Hausaufgaben zu erledigen und zu lernen. Zeit, die ich unter der Woche nicht hatte, weil ich Frankfurt Oder unsicher machte und Partys feierte. Leider nutzte ich Bahnfahren damals noch nicht wie heute zum Netzwerken. Ich habe immer gern gearbeitet und gefeiert. Daran hat sich bis heute nicht viel geändert!

Mein Traumberuf Lehrerin spukte mir weiterhin durch den Kopf. Damals galt die bis heute beliebte Devise: Höfliche Hartnäckigkeit hilft! Dann wird es schon. So kam es, dass ich mich ein halbes Jahr später in Frankfurt Oder einem zweiten Stimmtest unterzog. Und, Sie können es sich sicherlich schon denken, er fiel positiv aus! Ich war stimmtauglich und ich konnte mir meinen Traum vom Lehrerberuf erfüllen. Am liebsten hätte ich sofort meine Ausbildung in Frankfurt Oder hingeschmissen. Aus heutiger Sicht hätte ich damals vermutlich am besten einen Anwalt für mich arbeiten lassen, aber ich war zu jung und völlig unerfahren. Meine Eltern hätten nie zugelassen, dass ich meine Ausbildung abbreche. (Diese Ausbildung war ja nur eine Notlösung, da ich ja am Anfang wegen des nicht bestandenen Stimmtests keinen Studienplatz hatte.) Auch dazu habe ich heute, im Rückblick, eine differenzierte Meinung: Ich bin froh, dass sie mir diese Einstellung beigebracht haben, das, was ich anfange, auch durchzuziehen. Denn Durchhaltevermögen spielt in meinem Leben eine große Rolle.

So gingen die Jahre ins Land, von Netzwerken hatte ich noch keine Ahnung – über das übliche Hausaufgabenteilen hinaus: Was kannst du besser als ich? Heute heißt das im Fachjargon: „Kompetenzen bündeln, Kooperationen fördern."

Und das Leben hielt eine neue Herausforderung für mich bereit: im Oktober 1983, mit gerade einmal 19 Jahren, erfuhr ich, dass ich schwanger war. In der DDR war das kein Problem und ich war auch kein Einzelfall. Den bereits reservierten Studienplatz in Cottbus für den Sommer 1984 legte ich erst mal auf Eis. Zwar bot mir meine Mama an, ich könne trotzdem studieren, sie würde sich um das Kind kümmern, aber so sollte es in meinen Augen nicht laufen! Ich selbst wollte auf jeden Fall wenigstens ein Jahr für das Kind da sein. Neun Monate genoss ich in vollen Zügen, die Kleine in meinem Bauch zu spüren. Von Komplikationen oder Schwangerschaftsbeschwerden keine Spur, auch die Schulergebnisse blieben während der Schwangerschaft top, und wenige Tage vor der Entbindung bestand ich erfolgreich meine Abiturprüfung.

Anja kam zwei Wochen früher als geplant zur Welt, aber ihre Mama hatte da zum Glück die Prüfung schon bestanden – kein Thema. Übrigens: Dieses Kind ist heute meine allerbeste Assistentin und hoffentlich bald auch meine persönliche Steuerberaterin, darauf bin ich natürlich sehr stolz.

Ja, wie ging es weiter? Mein Studium hatte ich um ein Jahr verschoben, aber irgendwie sollte es einfach nicht sein. Denn im September 1984 sagte mir meine Frauenärztin: „Gratulation, Frau Polk, Sie sind wieder schwanger." Meine Mutter war schockiert und schüttelte den Kopf: „Kind, was mutest du dir ein zweites Kind nach nur zwölf Monaten zu?" Aber ich war ja inzwischen schon reifer und auch härter im Nehmen geworden – und zwei Kinder hatte ich mir stets gewünscht! So wurde Monate später unser Sohn Thomas geboren und ich wurde Hausfrau und zweifache Mutter. Von Netzwerken und Business keine Spur.

Inzwischen waren mein Mann und ich übrigens verheiratet. Unser Polterabend konnte sich sehen lassen! Meine gesamte Schulklasse kam – und zwar aus 250 Kilometern Entfernung! Nur für diesen einen Abend reisten sie alle an, insgesamt feierten 100 Leute mit uns. Ja, das waren meine ersten Fans – und aus heutiger Sicht würde ich sagen: meine ersten Netzwerk-Kontakte.

Nach zwei Jahren als Hausfrau und Mutter musste ich endlich wieder unter Menschen. Also bin ich, immer wenn mein Mann von der Arbeit nach Hause kam, selbst auch bis 20:00 Uhr im Lebensmitteleinzelhandel als Verkäuferin arbeiten gegangen. So lange, bis ich eine Stelle mit einer Traumarbeitszeit für eine junge Mama gefunden habe: 10:00 bis 16:00 Uhr, und die Kinder waren ab dem Alter von zwei Jahren in einer Kindereinrichtung. Das war bei uns schon damals üblich und ganz normal. Und übrigens: Nein, die Kinder haben keinen Schaden davon genommen, im Gegenteil, sie wurden einfach früher sozialisiert, mit anderen Kindern in Kontakt gebracht und meistern heute ihr Leben erfolgreich.

Neben Berufstätigkeit und Elternsein bauten wir auch noch ein Haus. Oh ja, spätestens da brauchten wir ein großes Netzwerk! Denn es gab absolut kein Material, und wenn, dann nur unter der Hand. Fürs Netzwerken waren damals noch mein Mann und mein Schwiegervater zuständig, die Hinz und Kunz kannten. Mit dem Ergebnis, dass wir damals schon die schönsten Fliesen hatten, eine Rarität, und eine Zentralheizung, eine Seltenheit. Selbst unser erstes Auto hatten wir dank Beziehungen schon 1984 und mussten nicht zwölf Jahre darauf warten.

Wie Sie sehen, war ich damals alles andere als eine Netzwerkerin. Warum auch? Ich hatte schließlich einen sehr aktiven Mann, der überall dabei war. Vereine waren sein Hobby. Heute weiß und verstehe ich, warum. Sein größtes Hobby war der Karnevalsverein. Für mich als Frau bedeutete das, einfach mitmachen oder trennen – sonst hätte ich fünf Monate im Jahr tiefste Trauer im Haus gehabt.

Ja, so war das. Und wie ging es weiter? Dass ich zu der Zeit noch gar keine Netzwerkerin war, beweist der folgende Vorfall: Am 10. November kam ich zur Arbeit und alle Kunden und Kollegen waren völlig außer sich. „Mensch Petra, die Grenzen sind offen, hast du das nicht mitbekommen?!" Nein, hatte ich nicht. Petra, Mutter von zwei Kleinkindern, kümmerte sich um Haus und Hof, der Mann war beim Grundwehrdienst, und verpasste den Mauerfall! Wenige Monate später war dann mein Arbeitsplatz wegrationalisiert und ich arbeitslos.

So studierte ich alle Stellenanzeigen und wurde auf einen völlig neuen Job aufmerksam: Außendienstmitarbeiter/in. Was war das denn? Ich schrieb Bewerbungen über Bewerbungen und wurde ständig zu Gesprächen eingeladen. Mein damaliger Mann sagte: „Du bist ja öfter unterwegs, als wenn du arbeiten gehen würdest!" Mir hat das Spaß gemacht, denn bei jedem Gespräch erfuhr ich mehr von dem, was die Herren von mir hören wollten. Beim siebten Bewerbungsgespräch für diesen mir fremden Beruf in den neuen Bundesländern traf ich den Nagel auf den Kopf und wurde zu einem zweiten Gespräch nach Kulmbach eingeladen.

So fuhr ich also morgens um 6:00 Uhr von Dresden nach Kulmbach und mein Gespräch dort dauerte keine halbe Stunde, denn ich wusste ja inzwischen aus der Vielzahl der anderen Bewerbungsgespräche, was von mir erwartet wurde. Höfliche Hartnäckigkeit hilft! (Das ist übrigens ein Spruch aus einem Seminar von Klaus Fink, den ich erst viel später kennenlernen durfte.)

Zum Schluss sagte ich selbstbewusst, wie ich unterdessen war: „Wissen Sie, ich habe mir den ganzen Tag Zeit eingeplant, ich habe die lange Reise in Kauf genommen und ich möchte gern warten, bis alle Gespräche vorbei sind und dann von Ihnen die Entscheidung erfahren."

Und ich hatte wieder den Nagel auf den Kopf getroffen: Genau das wollten die Herren hören! Die bleibt dran, die lässt sich nicht abwimmeln. Also wartete ich in der Cafeteria und hatte ein paar Stunden später meinen ersten Job im Vertrieb. Die Zeit als Vertrieblerin in diesem ersten Unternehmen in Kulmbach, in dem ich ganze acht Jahre blieb, prägte mich. Acht Jahre lang waren meine Kollegen Männer, meine Kunden Männer, und ich durfte meine Frau stehen. Wenn ich jetzt daran zurückdenke, mit meinem Netzwerk von heute, mit den technischen Möglichkeiten des 21. Jahrhunderts, mit Social Media, ja wie einfach wäre das, heute den Job von damals zu machen.

Wenn Sie jetzt vermuten, damals hätte meine Karriere als Netzwerkexpertin begonnen, liegen Sie nicht ganz falsch, aber auch nicht ganz richtig. Ja, Vertrieb und Netzwerken haben viel gemeinsam. Aber der größte Quantensprung in Richtung meines eigenen Lebensthemas passierte, als der Mann, der mir über 20 Jahre lang das Netzwerken abgenommen hatte, nicht mehr an meiner Seite war. Wir trennten uns im Jahre 2004 und jeder ging seiner Wege. Damit sind wir sicherlich keinesfalls das einzige Paar, das erst nach der

Trennung zu sich selbst fand. Wenn etwas Altes stirbt, kann etwas Neues beginnen. Das ist ein Natur- und Lebensgesetz. Ich wusste: Petra, du musst hier wegziehen – und das tat ich auch. Schon kurze Zeit später verschlug es mich nach München. Ich arbeitete bei der Allianz. Meine neun Jahre in der bayerischen Metropole mit Herz waren die Lehrzeit im Netzwerken schlechthin!

Wie Sie sehen, bin ich tatsächlich nicht als Netzwerkerin geboren, sondern erst im Laufe meines Lebens eine geworden. Aber ich war schon immer jemand, der gerne die Initiative ergreift. Deswegen betone ich heute so oft, dass jeder Netzwerken lernen kann. Es hat rein gar nichts mit Talent zu tun, sondern nur mit Aktivität. Sie müssen bereit dazu sein und es wollen.

Also wie setzte ich meine ersten Netzwerkschritte in der neuen Stadt München? Als Erstes, dachte ich mir, muss eine Freundin her! Aber wie sollte ich Fremdling in München eine Freundin finden? Schon damals gab es die Frauenzeitschrift „Die Freundin" und in dieser eine Kontaktanzeigenseite. Also schrieb ich ein paar Zeilen: „Bin neu in München und suche eine beste Freundin." Und es meldeten sich super viele, denn in München lebten enorm viele Zugereiste, die alle neue Kontakte suchten. Ich traf mich auch mit einigen, aber es wurde mir schon bald zu viel – vor allem zeitlich. Deswegen organisierte ich kurzerhand, dass sich mehrere zugleich trafen, und so nicht nur für mich eine Freundin dabei war, sondern auch für alle anderen. Sie werden diesen Satz so ähnlich noch öfter in diesem Buch lesen: *Netzwerken ist, etwas für andere zu tun.*

Durch diese Aktion lernte ich damals jedenfalls meine heute beste Freundin Hilde kennen, mit der ich nun ein Herz und eine Seele bin. Von Hilde bekam ich die Adressen für meinen zukünftigen Friseur, meine Frauenärztin und so weiter. Als Hilde im November 2005 für ein halbes Jahr beruflich nach Österreich musste, motivierte sie mich dazu, im Internet eine Suchanzeige für „den neuen Mann meines Lebens" aufzugeben. Damit begann eine coole, anstrengende und interessante Zeit, auch das war Netzwerken pur. Mit dem letzten Mann, mit dem ich mich nach einer Reihe von Verabredungen traf, bin ich noch heute verheiratet: Es ist mein lieber zweiter Mann Eckhard. Wir haben uns nur durch diese damalige Online-Netzwerk-Aktion gefunden. Das waren im Grunde meine ersten Social-Media-Aktivitäten!

Vielleicht verstehen Sie jetzt, wieso ich heute ein so großer Fan von Online-Netzwerken bin. Mit ihm an meiner Seite beschloss ich Anfang 2007 wieder zurück in die Selbstständigkeit zu kehren – und das für immer. Denn Macherinnen wollen etwas bewegen, und das geht nicht in einem Konzern.

So wurde ich mit 40 Jahren zur Profi-Netzwerkerin. Mit diesem Buch möchte ich nun gerne weitergeben, warum Netzwerken das Leben bereichert und vor allem, warum es auch für Sie in jeder Lebenslage nützlich ist.

Viel Spaß dabei!

KAPITEL 1

Warum Netzwerken heute wichtiger ist denn je

Willkommen in der neuen Welt des Netzwerkens und der pausenlosen Kommunikation. Das Internet hat unser (Sozial-)Leben radikal verändert. Alle können mit allen rund um die Uhr verbunden sein, und zwar weltweit. Das ist ja schön und gut, aber was haben wir eigentlich davon? Wie bei allem im Leben ist es auch beim Netzwerken wichtig, dass wir verstehen, warum wir es tun und was es uns für Vorteile bringt. Um diese Vorteile zu erkennen, werde ich Ihnen einen kleinen Überblick über die Geschichte des Netzwerkens geben. Denn wie Sie sich vielleicht schon gedacht haben: Netzwerken ist keinesfalls eine Erfindung der Neuzeit! In den letzten Jahren hat es für Business und Karriere allerdings noch mal eine ganz andere Bedeutung bekommen.

Netzwerken: damals – heute – morgen

Netzwerken ist keine neuzeitliche Erfindung, es funktioniert heutzutage einfach nur anders als früher. Schon immer haben sich Menschen aus gesellschaftlichen, politischen oder wirtschaftlichen Gründen zusammengeschlossen. Unsere Vorfahren lebten in Stämmen und auch bei den Jägern und Sammlern gab es verschiedene Rollen und Arbeitsteilung. Die Männer erlegten das Wild und die Frauen sammelten Beeren und kümmerten sich um den Nachwuchs. In Dorfgemeinschaften lebte die ganze Familie auf einem Hof und gegenseitige Unterstützung bei allen anfallenden Arbeiten war selbstverständlich.

Viele von Ihnen werden sich fragen, wie das früher eigentlich ohne Telefon und ohne Internet war. Sie kennen sicher die Redewendung „Der Buschfunk hat funktioniert"? Genau so war es, es ging ohne Kommunikationsmittel – von Mensch zu Mensch. Mundpropaganda. Auch heute noch vertrauen Menschen Empfehlungen, nur haben sich die Möglichkeiten des Empfehlungsmarketings dank Internet enorm vergrößert und positiv weiterentwickelt. Früher war nicht alles besser, es war einfach anders. Leben und Netzwerken haben sich in einem viel kleineren Radius abgespielt als heute.

Deutschlands erstes Kaffeehaus wurde 1686 in Regensburg eröffnet, dort trafen sich die feinen Herrschaften zum Kaffee, um sich zu unterhalten. Wenn Sie so wollen, war das bereits ein Netzwerk-Event. Meine Großmutter lebte ab 1960 in Köln und ging einmal in der Woche zum Kaffeekränzchen, um sich mit anderen Damen auszutauschen.

In meiner alten Heimat Dresden war es im Jahre 1980 noch ein Privileg, ein Telefon zu haben. Nur der Pfarrer, der Bürgermeister, der Arzt und die Politiker besaßen eines. Telefon und später Internet haben das Netzwerken revolutioniert. Früher, in meiner Kindheit, trafen sich die Menschen im Tante-Emma-Laden beziehungsweise „Dorfkonsum", um sich auszutauschen und das Neueste zu erfahren. Es gibt Regionen – außerhalb der Ballungszentren, bevorzugt auf dem Land –, wo es heute noch immer so ist. In einer solchen Region lebe ich heute wieder. Um ehrlich zu sein, der Hauptgrund für mich, einmal wöchentlich zur Turngruppe zu gehen, ist, um zu erfahren, was im Dorf los ist.

Netzwerken ist ein wichtiger Bestandteil unseres gesellschaftlichen Zusammenlebens. Dennoch ist es heute etwas anderes als noch vor hundert Jahren. Es ist einfacher geworden, mit Menschen in Verbindung zu treten, und es gibt so gut wie keine räumlichen Einschränkungen mehr. Das haben wir vor allem dem Internet zu verdanken.

Auch wenn Netzwerken heute global geworden ist, die persönlichen Kontakte haben nicht an Bedeutung verloren. Es gibt immer noch Menschen, die nicht im Internet zu finden sind und das Interessante daran ist, dass das nicht nur eine Frage der Generation ist. Auch im Freundeskreis meiner Kinder gibt es einige, die in keinem sozialen Netzwerk registriert sind, weil sie sich nur mit Menschen vernetzen wollen, die sie persönlich kennen. Das von mir gegründete Netzwerk hat eine eigene Gruppe auf Facebook, aber nur knapp fünfzig Prozent der Mitglieder des Netzwerks sind auf Facebook registriert. Daran erkennen wir den heutigen Trend, dass wir nicht unbedingt soziale Netzwerke nutzen müssen, um erfolgreich Kontakte zu knüpfen. Dennoch bietet das Internet viele Chancen. Es ist einfach geworden, mit Menschen auf der ganzen Welt in Kontakt zu treten, wenn wir die Online-Netzwerke nützen. Gerade für die Erweiterung des beruflichen Kontaktkreises sind diese eine wahre Bereicherung!

Doch eine Frage bleibt: Wie geht es weiter mit den sozialen Netzwerken? Keiner von uns weiß es, wir können es nur erahnen. Ich denke, wir alle werden noch mehr vernetzt sein, wir werden noch digitaler denken, aber die persönlichen Kontakte werden nie an Relevanz verlieren. Im Gegenteil! Menschliche Beziehungen werden verstärkt eine Rolle spielen. Aufgrund der Überflutung von Nachrichten werden wir in Zukunft zunehmend auf persönliche Empfehlungen vertrauen.

Mit Sicherheit werden noch andere Medien hinzukommen, und die schnellen werden die langsamen ablösen. Die gut Vernetzten werden stets einen Vorsprung gegenüber jenen haben, die erst später auf den Netzwerkzug aufspringen.

Ich bin gespannt und denke, es wird nicht das letzte Buch zu dem Thema sein, da sich gerade im technischen Bereich alles rasch verändert.

Netzwerken ist nichts Neues, kein Hype, keine Modeerscheinung, und es wird auch nie aus unserem Leben verschwinden. Im Gegenteil. Erst neulich war ich bei einem Vortrag des Unternehmerinnennetzwerks „Jumpp" in Frankfurt (wwww.jumpp.de). Dort sagte Zukunftsforscherin Kerstin Brühl, wir leben in einer Netzwerkgesellschaft und unsere Zukunft wird ganz stark durch Kooperationen und Netzwerke bestimmt sein.

Kein Netzwerken – keine Karriere und kein Business

Wir leben in einer Zeit und Gesellschaft mit einem Überangebot. In jeglicher Hinsicht. Es gibt so viele Möglichkeiten und Gelegenheiten, dass es uns vor lauter Überangebot schwerfällt, aus der Vielzahl an Angeboten auszuwählen.

Wenn Sie in Google „Stromanbieter in München" eingeben, erhalten Sie 329.000 Ergebnisse. Dies nur, um ein Beispiel zu geben. Wie wollen Sie daraus für sich den richtigen auswählen? Übrigens, auch wenn Sie die Gelben

Seiten aufschlagen, wird es Ihnen ähnlich gehen. Genau das ist der Grund, warum wir Netzwerke brauchen. Um eine Entscheidung zu treffen, können Sie Ihre Kontakte nutzen, sie nach ihren Erfahrungen befragen und sich eine Empfehlung aussprechen lassen. Oder Sie nutzen Bewertungsportale im Internet zur Selektion.

Ein weiteres Beispiel ist das Thema Jobangebote. Ich bin der Meinung, dass sich die meisten Arbeitgeber bei der Vergabe neuer Jobs auf ihr Netzwerk verlassen, und viel lieber auf eine Empfehlung zurückgreifen, als darauf zu vertrauen, aus Hunderten Bewerbungen den oder die Richtige(n) auszuwählen.

Ohne Netzwerk keine Karriere und kein Geschäft. Das ist der Hauptgrund, warum Sie sich ein persönliches Netzwerk aufbauen sollten. Noch drastischer ist es, wenn Sie Ihr eigenes Unternehmen führen und über kein Netzwerk verfügen, das Sie weiterempfiehlt. Dann müssen Sie mühsam jeden Kunden selbst akquirieren, und das kann anstrengend sein. Ich schätze, dass rund 80 Prozent aller Aufträge auf Empfehlung vergeben werden, denn das ist vertrauensvoller, schneller und einfacher.

Ich kann Ihnen zahlreiche Beispiele nennen, wie ich sie selbst jeden Tag erlebe. Vor zwei Jahren bin ich in eine völlig neue Region gezogen und nach vielen Jahren Netzwerkerfahrungen ist es für mich der einzig richtige Weg, Empfehlungen zu nutzen, wenn ich einen Maler, Zahnarzt oder was und wen auch immer brauche.

Netzwerken verhindert Fehlgriffe

Empfehlungen werden ja nur ausgesprochen, wenn ein anderer gute Erfahrungen gemacht hat. Wenn Sie sich darauf verlassen, vermeiden Sie also Fehlgriffe, langes Suchen, schwieriges Ausselektieren – und das spart wertvolle Zeit.

Das heißt aber nicht, dass Empfehlungen nicht geprüft werden müssen. Denn eine Empfehlung, die für mich passt, muss nicht für Sie passen. Doch wenn Ihr Empfehlungsgeber Sie sehr gut kennt, ist die Wahrscheinlichkeit groß, dass auch Sie zufrieden sein werden, wenn Sie seiner Empfehlung folgen. Ich empfehle viel und überlege mir vorher ganz genau, ob mein Rat für die betreffende Person passt.

Netzwerken spart Zeit

Jetzt werden Sie vielleicht einwenden, dass Sie doch eine Menge Zeit dafür aufwenden müssen, um zu Netzwerkevents zu gehen und auch soziale Netzwerke erfordern täglich Zeit … Ja, da gebe ich Ihnen recht – doch betrachten Sie einmal, was Netzwerken unterm Strich für Sie bringt. Sie werden sehen, die Vorteile überwiegen – und langfristig gesehen, spart es Ihnen jede Menge Zeit.

Sie können das mit einem zarten Pflänzchen vergleichen, das benötigt am Anfang auch mehr Pflege und Zeitinvestition, doch wenn es gut gedeiht, brauchen Sie nur noch die Früchte zu ernten.

Denn wenn Sie ein Netzwerk haben, in dem Sie für jede Lebenslage, für jedes Bedürfnis oder für jede Herausforderung, vor der Sie gerade stehen, eine Empfehlung, einen Rat oder einen Impuls bekommen, spart Ihnen das jede Menge Zeit. Dann sind Sie von der Lösung nur einen Anruf oder eine Facebook-Nachricht entfernt.

Sie müssen nicht alles wissen, nicht alles können. Sie müssen nur wissen, wen Sie fragen können oder wer etwas für Sie erledigen kann.

Ein Beispiel dazu aus meiner eigenen Erfahrung: Unsere Community bietet bei jedem Netzwerkevent einen Impulsvortrag von einem Experten zu einem bestimmten Thema. Da wir alle Menschen sind, kam es schon zweimal vor, dass ich eine sehr kurzfristige Absage zehn Stunden vorher bekam. Über die vielen Jahre habe ich in meinem Netzwerk eine Vielzahl von Rednern, Trainern und Coaches versammelt, die gerne Vorträge halten, sodass es mir jeweils in wenigen Minuten gelungen ist, einen Alternativredner zu finden. Was dabei noch sehr unterstützend ist, sind meine Aktivitäten in Facebook, denn so bedarf es statt zahlreicher Anrufe, die viel Zeit kosten würden, nur einer Facebook-Statusmeldung, und schon ist die Lösung da. Ich finde es einfach genial und es gibt zahlreiche Beispiele dafür, wie Netzwerken das Leben leichter macht.

Was haben Sie selbst vom Netzwerken?

Angenommen, Sie besuchen Netzwerkevents. Dort haben Sie die Möglichkeit, zwischen 10 und 50 Personen zu treffen. Jetzt werden Sie vermutlich denken: Na ja, ich kann aber bei so einem Event ja nicht mit allen sprechen. Das stimmt. Doch sollte es eine Vorstellungsrunde geben, haben Sie die Möglichkeit, dass alle anwesenden Personen von Ihnen erfahren. Wenn es keine Vorstellungsrunde gibt, haben Sie sicher die Gelegenheit, zumindest mit zwei bis fünf neuen Kontakten zu sprechen, je nach Veranstaltungsablauf. Von denen, die Sie nicht persönlich sprechen konnten, können Sie durch die Visitenkarte für ein persönliches oder telefonisches Kennenlernen sorgen.

Dank Social Media ist Netzwerken noch viel effektiver und zeitsparender. Mit wenig Zeit und keinen bis geringen Kosten können Sie hier Netzwerken, was das Zeug hält beziehungsweise die Finger tippen können.

Sie sparen Zeit!

Der wichtigste Grund, warum Netzwerken Zeit spart, ist, dass Sie nicht mehr lange suchen müssen. Denn wenn Sie Ihr eigenes Netzwerk aufgebaut haben, es pflegen und ständig daran arbeiten, es zu erweitern, dann haben Sie jeden Kontakt, den Sie brauchen, gleich abrufbereit oder wissen, wen Sie fragen können. Über Social Media um Hilfe zu bitten, geht binnen Minuten, falls es einmal dringend ist.

Ein Beispiel dazu aus dem Privaten: Zu unserem privaten Netzwerk zählt unser Maler Alouis Wendling, den wir übrigens auch durch Netzwerken mit einem Unternehmer aus unserem Dorf kennengelernt haben. Wir fragen uns oft, wer kann das, wer kann jenes, denn wir wohnen erst seit zwei Jahren in der Gegend.

Ein Beispiel aus dem Business: Viele von Ihnen wissen, dass ich für W.I.N viele Events mit Vorträgen organisiere. Vor etwa drei Jahren ist mir um 8:00 Uhr morgens am Tag des Events eine Referentin ausgefallen, da war es noch ein ziemlicher Kraftakt, eine Neubesetzung zu finden. Nachdem ich mein Netzwerk im Bereich Referenten in den letzten drei Jahren wesentlich erweitert habe, diese Kontakte gut pflege – besonders Facebook habe ich enorm ausgebaut – finde ich heute bei einem solchen kurzfristigen Ausfall in kürzester Zeit einen Ersatz.

Was heißt das für Sie? Bauen Sie sich ein Netzwerk auf, pflegen Sie Ihre Kontakte, seien Sie für Ihre Kontakte da, wenn diese einen Rat, eine Empfehlung brauchen, dann werden Sie auch jederzeit Unterstützung bekommen und es spart Ihnen unglaublich viel Zeit. Sie haben alle Kontakte jederzeit abrufbereit, sowohl für andere als auch für sich persönlich. Und denken Sie immer daran: Auch beim Netzwerken kommt Geben vor Nehmen. I *like*!

Sie wecken Begehrlichkeit

Wer ein großes Netzwerk hat, ist begehrt. Genau aus dem zeitsparenden Faktor! Da Zeit unser knappstes und wertvollstes Gut ist, wird Ihr Netzwerk also gern auf Sie zukommen. Wenn Sie weiterhelfen können, machen Sie sich als Kontakt wertvoll und Sie sind somit ein Lösungsfinder für Ihr Netzwerk. Die anderen kommen an Ihnen einfach nicht mehr vorbei, so wissen Sie auch immer, was in Ihrem Netzwerk los ist. Sie sind eine Schnittstelle, bei Ihnen laufen alle Fäden zusammen.

Das Spannende ist, dass ich mich durch meine Netzwerkaktivitäten zu einer Art Schnittstelle gemacht habe. Heute sagen Menschen: „Wenn du etwas brauchst, einen Kontakt, dann frag Petra!" Ja, das ist manchmal anstrengend, aber es hat natürlich den großen Vorteil, dass ich viel über andere Menschen erfahre.

Ich werde zum Beispiel gefragt, wenn ein Interviewpartner für die Presse zu einem bestimmten Thema gebraucht wird. Und erst neulich rief bei mir eine Redakteurin an, die eine Expertin für das Thema Burnout-Prävention brauchte. Ja, sicher, eine hatte sich bei mir ins Gedächtnis eingebrannt, weil ich von ihr schon häufig genug gehört oder gelesen hatte. Dann rief mich ein Unternehmer aus Norddeutschland an, wie er seine Sichtbarkeit im süddeutschen Raum erhöhen könne. Eine Redakteurin, die über Netzwerke berichten sollte, fragte mich, ob ich sie unterstützen könne. Ich könnte diese Liste endlos weiterführen. Sie verstehen, was ich damit sagen möchte, Netzwerken schafft auch Expertenstatus! Und wenn Sie Kontakten weiterhelfen können, werden diese Sie so schnell nicht ver-

gessen. Es kommt immer irgendwie zu Ihnen zurück! Ich habe dadurch jedenfalls eine unglaubliche Präsenz bei den anderen.

Empfehlungen sind genial

„Experten werden gefunden und Verkäufer suchen ihre Kunden", diese Aussage finde ich super. Denn ich glaube, wir alle nehmen lieber Empfehlungen an, statt mühsam Kunden suchen zu müssen.

Netzwerken kann verschiedene Ziele haben. Dazu kommen wir noch zu einem späteren Zeitpunkt, doch ein Hauptziel von Netzwerken soll sein, dass Sie Empfehlungen aussprechen und diese tausendfach zu Ihnen zurückkommen.

Uns allen fällt es auch wesentlich leichter, andere zu empfehlen, als uns selbst zu verkaufen. Denn wenn für Sie ein Kontakt eine Empfehlung ausspricht, ist er von Ihnen begeistert und er macht nichts anderes, als Sie als Person, Ihr Produkt oder Ihre Dienstleistung zu verkaufen.

Trends gehen und Netzwerke bleiben Ihnen erhalten!

Ihr Netzwerk bleibt Ihnen immer erhalten, egal in welche Stadt Sie ziehen, ganz gleich, was in Ihrem Leben sonst passiert. Eine Bedingung hat das Ganze: Sie müssen die Netzwerkgesetze leben. Eine der wichtigsten Grundregeln, damit Ihre Netzwerkkontakte Ihnen erhalten bleiben, ist die Pflege Ihres Netzwerkes! Netzwerke sind krisensicher, wenn Sie mit Ihren Kontakten in Kommunikation bleiben und das Netzwerk auch dann pflegen, wenn Sie es gerade „nicht brauchen". Mit den heutigen Kommunikationsmitteln ist es keine Schwierigkeit, sein Netzwerk zu pflegen. Soziale Medien machen es möglich, in Kontakt zu bleiben. Nutzen Sie außerdem private oder berufliche Reiseaktivitäten, um Ihre Netzwerkkontakte persönlich zu treffen. Für zwischendurch finde ich auch Skype ein wunderbares Medium. Für mich ist bei der Kontaktpflege das Geben und Nehmen sehr wichtig, denn wenn es einseitig ist, macht es keinen Spaß.

Netzwerken macht Spaß

Sie wissen ja: Alles, was Spaß macht, geht leicht, und alles, was leicht geht, macht Spaß. Wichtig dabei ist, spielen Sie beim Netzwerken nicht irgendeine Rolle, sondern bleiben Sie einfach Sie, denn Authentizität ist eine der wichtigsten Voraussetzungen für erfolgreiches Netzwerken. Und damit Sie alle ab sofort so viel Spaß daran haben wie ich, gibt es ja jetzt dieses Buch.

Sie erreichen Ihre Ziele schneller

Netzwerken braucht Ziele, dann kann es Sie auch dabei unterstützen, Ihre Ziele einfacher und schneller zu erreichen. Wichtig ist, dass Sie Ihre persönlichen Ziele, die Sie mit Unterstützung Ihres Netzwerkes erreichen möchten, überhaupt kennen. Und sollten Sie diese kennen, reicht es noch nicht aus, wenn es keiner weiß. Kommunizieren Sie Ihre Wünsche und Ziele, und welche Unterstützung Sie brauchen, in Ihrem Netzwerk. Das alles setzt Offenheit voraus, denn wenn Sie nicht bereit sind, Ihre Ziele zu kommunizieren, dann kann Sie keiner unterstützen. Doch andererseits, wenn Sie es offen kommunizieren, ist das auch ein Commitment, denn dann wissen so viele davon und Sie gehen eine gewisse Verpflichtung ein. Ein Beispiel dafür ist dieses Buch. Ich habe es sehr offen kommuniziert und dabei auch sehr viel Unterstützung, Ideen, Denkansätze, Tipps und Wertschätzung erfahren. Was mich aber andererseits auch verpflichtet hat, es muss jetzt klappen mit dem Buch. *Wer allein arbeitet, addiert – wer zusammenarbeitet, multipliziert, genau das ist der Punkt.*

Also, welche Ziele haben Sie? Kommunizieren Sie diese in Ihrem Netzwerk, dann kann Ihr Netzwerk hilfreich beim Erreichen sein!

Was können Ziele beim Netzwerken sein?

– Erhöhung Ihres Bekanntheitsgrades

– Impulse und Inspiration

– Austausch zu bestimmten Themen

– Empfehlungen

Neue Impulse, Inspirationen und Wissen

Da wir alle Experten auf einem bestimmten Gebiet sind, sind Netzwerke eine wunderbare Plattform, um den eigenen Horizont zu erweitern, neues Wissen zu bekommen und Ideen für sich selbst zu sammeln. Es ermöglicht uns, unseren Blickwinkel zu erweitern. Wir erfahren neue Trends, Informationen und Expertenwissen, das wir uns mühsam anlesen müssten, auf kürzestem Wege.

Damit meine ich, dass andere Menschen zu einem Thema, das Sie gerade beschäftigt, einen ganz anderen Blickwinkel haben. Sie können sich auf kurzem Wege mit Experten aus

Ihrer Branche austauschen. Es ist immer hilfreich, mehrere Aspekte zu berücksichtigen. Das setzt natürlich voraus, dass Sie kein Konkurrenzdenken haben. Ich persönlich tausche mich gerne mit anderen Netzwerkexperten aus, zum Beispiel zu Trends, wie Social Media sich entwickeln wird, was nach Facebook und Co kommt usw.

Kostenloses Eigenmarketing

Wir alle wissen: Marketing ist unglaublich wichtig! Vor allem Eigenmarketing. Denn Kunden kaufen nicht Produkte oder Dienstleistungen, Kunden kaufen Menschen und Emotionen. Sie wollen Sie und mich. Es geht immer um Persönlichkeit und Menschlichkeit. Jeder von uns ist eine Marke für sich, wir müssen unsere Einzigartigkeit nur noch nach außen tragen. Und Netzwerken ist Ihr erfolgreichstes, effektivstes und kostengünstigstes Eigenmarketinginstrument überhaupt! Es kostet Sie nur Zeit, und auch das später nicht mehr, wenn Sie es geschafft haben, sich bekannt zu machen wie ein bunter Hund, denn dann netzwerken andere für Sie. Jeder weiß, was die Bild-Zeitung ist, jeder kennt Coca-Cola, das muss heute keiner mehr erklären, das ist Markenbranding. Nutzen Sie Netzwerken, um sich bekannt zu machen! Wie? Eine Vielzahl von Möglichkeiten erfahren Sie im weiteren Teil dieses Buches.

Noch ist Petra Polk nicht bekannt wie Coca Cola, aber ich arbeite daran. Mit meiner klaren Positionierung und vielen Netzwerkaktivitäten habe ich in den letzten Jahren mein Eigenmarketing gemacht, sonst würden Sie wahrscheinlich dieses Buch jetzt nicht in den Händen halten. Der Goldegg Verlag hat mich über Netzwerken als

Eigenmarketinginstrument gefunden, in dem Fall über die Social-Media-Plattform Xing. Am 27. 2. 2014 bekam ich vom Verlag eine E-Mail, „Sie haben so ein spannendes Thema, möchten Sie mit unserem Verlag ein Buch machen?" Ich bin so dankbar dafür und für mich ist es auch DER Beweis, dass Netzwerken funktioniert. Das können auch Sie erreichen.

Sie laufen täglich über den roten Teppich

Mit Netzwerken können Sie Ihre Sichtbarkeit unglaublich erhöhen. Ich vergleiche das immer damit, dass Sie in der Bild-Zeitung auf der Titelseite stehen würden. Vielleicht halten Sie das für übertrieben. Aber so geht es tatsächlich auch mit Netzwerken! Im Social Web oder mit Ihren persönlichen Netzwerkaktivitäten können Sie für null Euro Ihre Sichtbarkeit maximal steigern. Denn Fakt ist: Solange keiner weiß, dass es Sie gibt, können Sie noch so tolle Produkte oder Dienstleistungen haben, es kommt trotzdem niemand zu Ihnen!

Die Personenzahl, die Sie über Netzwerken erreichen können, ist im Gegensatz zur Presse unendlich, denn der virale Effekt macht es möglich, dass Sie nie wissen, wen Ihre Informationen im Web erreichen werden. Und beim persönlichen Netzwerken wissen Sie ja auch nicht, wer wie oft Ihre Botschaft weiterträgt. Und da wir von jeder Person auf der Welt nur sechs Kontakte entfernt sind, kann die Nachricht theoretisch jeden erreichen.

Petra Polk – PP – steht für persönliche Präsenz! Genau das ist eines meiner Erfolgsgeheimnisse (mehr dazu später).

Vom Bekanntheitsgrad wird auf Expertenstatus geschlossen

Es kommt nicht darauf an, was Sie wissen, sondern darauf, wie bekannt Sie sind! Für Erfolg zählt nur sieben Prozent Wissen. Meine Kollegen Jürgen Linsenmaier und Gunther T. Verleger sagen: „Ihr guter Ruf verkauft! Sonst nichts."

Ja, so ist es. Je bekannter Sie sind, desto sicherer werden Ihre Kunden sein, dass Sie Experte auf Ihrem Gebiet sind. Mit Netzwerken können Sie Ihren guten Ruf, Ihre Reputation aufbauen.

Die Medien rufen Sie an

Mit Presse und Medienarbeit habe ich in den letzten Jahren meine Erfahrungen gesammelt, und viel Netzwerkarbeit hat es möglich gemacht, Veröffentlichungen zu bekommen. Dabei hat sich wieder bestätigt: Steter Tropfen höhlt den Stein. Ohne persönliche Kontakte kommt kein Artikel von Ihnen in die Medien! Alle meine Presseveröffentlichungen, die es bis heute gibt, kamen aus dem Aufbau von Netzwerkkontakten im Bereich Pressearbeit. Durch Empfehlungen von Netzwerkerinnen aus unserer Community, aus anderen Netzwerken und durch Menschen, die dank Social Media auf mich aufmerksam geworden sind, habe ich es in den letzten Jahren geschafft, dass es Presseveröffentlichungen in den unterschiedlichsten Medien gab.

Rein in die Medien!

Besonders stolz bin ich auf meine Netzwerktipps in der Frauenzeitschrift „Für Sie", aber auch das ging nicht auf Knopfdruck, sondern wie folgt. Im November 2013 hatte ich bei einem Netzwerktreffen

von W.I.N Women in Network in Hamburg eine
freie Redakteurin getroffen, danach haben wir uns
im Xing vernetzt, sodass wir uns immer wiederge-
sehen, besser gesagt gelesen haben. Sie kam dann
wegen ihres Artikels in der „Für Sie" auf mich zu.
Später gab es auch eine Veröffentlichung mit mir
in einer Zeitschrift für Sekretärinnen, was wieder-
um dazu geführt hat, dass sich viele der Leserinnen
mit mir auf Xing vernetzt haben. Ich bin mir sicher,
wenn Ihr Chef Sie einmal nach einer Rednerin zum
Thema Netzwerken fragt, werden Sie an mich den-
ken ... Im September 2014 bekam ich schließlich
eine E-Mail, dass in der „Für Sie" über Netzwerke
für die berufliche Karriere berichtet wird, und ich
wurde gefragt, ob ich eine Netzwerkerin aus mei-
nem Netzwerk kenne, die sich dazu äußern möchte.
So kam es dann, dass Sabine Thalmayr aus mei-
ner W.I.N-Community Interviewpartnerin wurde
und von mir Netzwerktipps veröffentlicht wurden.
Das ist das Empfehlungsmarketing der Zukunft!
Ich finde das einfach genial. Gerade in den letzten
Wochen habe ich tolle Kontakte zum Fernsehen ge-
knüpft und bin schon gespannt, was daraus wird.
Also los, auf geht's!

Sie können bekannt werden wie ein „bunter Hund"

Mit Netzwerken können Sie sich bekannt machen und be-
rühmt werden, wenn Sie das wollen. Sie können so viele
Pressemeldungen auf Social Media schreiben, wie Sie möchten, ohne von anderen abhängig zu sein. Als ich Twitter in
meinem ersten Workshop bei Monika Paitl kennengelernt
habe, hat diese zu uns gesagt: „Machen Sie Ihre eigene PR-

Meldung am besten immer mit einem Mehrwert für Ihre Leser, der auf Ihr Thema anspielt. Das geht in allen Online-Plattformen!" Das habe ich natürlich getan. Beim persönlichen Netzwerken ist Ihr Elevator Pitch Ihre persönliche Werbeanzeige. Einfacher, effektiver und günstiger geht's gar nicht. Es ist rein Ihre eigene Aktivität gefragt – und das Verlassen der Komfortzone.

Motivation

Sie kennen das sicher, manchmal geht einfach nichts, es fehlt Ihnen Energie. Was hat das mit Netzwerken zu tun? Viel! Tun Sie einfach das Gegenteil von dem, wonach Ihnen ist. Statt Couchpotato zu spielen, gehen Sie hinaus, treffen Sie Menschen, netzwerken Sie, holen Sie sich von anderen Netzwerkern Energie, lassen Sie sich unterstützen. Schauen Sie im Social Web, wo es neue Motivation gibt, Förderer, Unterstützer.

Marktrecherche leicht gemacht

Was auch immer Sie wissen wollen, Netzwerken hat viel mit beobachten zu tun. Fragen Sie doch einfach Ihr Netzwerk, was es interessiert. Sie müssen keine tagelangen Recherchen machen, im Social Web erhalten Sie innerhalb kürzester Zeit viele Meinungen, Ansichten und Informationen. Das habe ich für mein Buch sehr oft genutzt.

Kooperationen, die Spaß machen

Wir leben in einer Netzwerk-und Kooperationsgesellschaft. Ich gebe Ihnen recht, es ist nicht immer so leicht, die passenden Kooperationspartner zu finden, aber Ihr persönliches Netzwerk oder Netzwerkorganisationen, in denen Sie Mitglied sind, werden es Ihnen leichter machen. Aus zwei Gründen: 1. Sie kennen sich schon länger, bevor Sie die Kooperation eingehen. Sie konnten Ihre Kooperationspartner bereits auf Herz und Nieren darauf prüfen, ob die Chemie wirklich stimmt, ob Ihr Kooperationspartner so tickt wie Sie und ob er zuverlässig ist. 2. In Netzwerken gibt es Experten für jedes Gebiet, und Sie kennen bereits den Expertenstatus der verschiedenen Personen.

Kooperationen

Ich möchte Ihnen zwei Beispiele geben, wie in Netzwerkorganisationen Kooperationen entstehen können. Es gibt davon sehr viele, die aus meiner W.I.N-Community hervorgegangen sind.
Ich selbst kooperiere mit vielen Unternehmerinnen, denn das macht mir das Leben dabei leichter, Dienstleistungen für mich zu finden. Egal ob es um Fotos, Marketingunterstützung oder einen Schlafplatz direkt an der Oktoberfest-Wiesn geht. Auch alle Kooperationspartnerinnen und Kooperationspartner für meine Erlebnisseminare habe ich über meine diversen Netzwerke kennengelernt.
Ebenso ist das Thema Markenbildung aus der Community heraus entstanden. Das ist ein gemeinsames Projekt einer Webdesignerin mit einer Imagestylistin und zwei Fotografinnen sowie einer Social-Media-Expertin. Kooperationen machen Spaß, alle profitieren und jeder kann das einbringen, was er liebt und richtig gut kann.

Unterstützung in allen Lebenslagen

Egal, was Sie brauchen, da Netzwerke krisensicher sind, sind die darin aktiven Menschen immer für Sie da. Ob Sie einen Zahnarzt suchen, eine Unterkunft, einen Urlaubstipp, eine neue Webseite möchten oder einen Imagefilm. Fragen Sie einfach Ihr Netzwerk!

Echte Netzwerker lassen Sie nicht hängen, denn aus Netzwerkkontakten werden Freunde, und Freunde sind immer füreinander da.

Sicher gibt es noch Tausende Gründe und unzählige Beispiele, warum Netzwerken Ihnen viel bringt. Fangen Sie noch heute an, Ihr Netzwerk auszubauen, empfehlen Sie gern auch dieses Buch weiter. Denn wenn alle Menschen auf der Welt nur ein Prozent davon umsetzen würden, wäre noch viel mehr möglich!

Netzwerken hilft in allen Lebensbereichen

Erst im Jahre 2004 zog ich nach München. Damals kannte ich gerade einmal zwei Personen. Heute bin ich dort besser vernetzt als in meiner Heimatstadt, in der ich 36 Jahre als „Nicht-Netzwerkerin" gelebt habe. Im Dezember 2012 zogen wir in eine Region, in der sich Fuchs und Hase gute Nacht sagen. Wir waren fremd und brauchten dringend Unterstützung in Sachen Handwerker, Umzugshelfer etc. Woher sollten wir die bekommen, wenn nicht über Empfehlungen? Gut, dass mein Mann sich bereits meine Netzwerk-Philosophie abgeschaut hatte. Im Dorf gibt es eine Schreinerei, die wir auch für die erste Dienstleistung heranzogen. Es ging darum, ein Sägeblatt zu schärfen, denn der Winter war knackig und das Holz kam nicht von allein in den Keller. In der Schreinerei fragten wir dann

nach den Empfehlungen für Maler, Klempner und Heizungsbauern. Wichtig ist: Eine Empfehlung ist keine Garantie, deshalb prüfen Sie selbst, ob die Empfehlung zu Ihnen passt und auch die Leistung Ihre gewünschte Qualität erfüllt. Bei uns waren alle Empfehlungen klasse, bis auf die mit dem Klempner. Unser Maler, den wir ebenfalls über eine Empfehlung kennenlernten, war wiederum ein Glücksgriff! Da er auch ein Netzwerker ist, bekam ich über ihn den Kontakt zu einer Redakteurin bei der Rhein-Zeitung.
Netzwerken ist alltagstauglich! Und es ist immer und überall nützlich und möglich.

Wie Sie sehen, hat sich Netzwerken in den letzten Jahren extrem gewandelt, doch der Grundgedanke ist immer noch der gleiche: einfach für andere da sein, ohne Erwartungshaltung, und sich über die eigenen Ziele klar sein, darüber, warum Sie selbst netzwerken. Jeder von Ihnen hat eine andere Motivation dazu. Ich freue mich schon, wenn es noch mehr Menschen gibt, die vernetzt denken, denn wir alle werden davon profitieren.

Tipps der erfahrenen Netzwerkerin – Susanne Wendel im Interview

Susanne Wendel ist für mich eine Netzwerkerin der obersten Liga. Sie ist erfolgreiche Unternehmerin, Bestseller-Autorin, hat ebenfalls eigene Businessnetzwerke aufgebaut und ist sehr kooperativ.

1. Wo und wie netzwerkst du am liebsten?

Mittlerweile vor allem auf meinen eigenen Lesungen, Partys und Events. In den ersten Jahren meiner Selbstständigkeit bin ich zu allen möglichen Veranstaltungen gegangen, zwei- bis dreimal pro Woche, Wirtschaftsjunioren, Frauennetzwerke, Wirtschaftsnetzwerke, Vorträge, Kongresse usw. Ich habe dort über die Jahre

Fotocredit: Privatfoto Susanne Wendel

Hunderte von Leuten kontaktiert und halte das für extrem wichtig, um sich ein eigenes Netzwerk und eine Interessentenkartei aufzubauen. Als Ernährungswissenschaftlerin und Gesundheitsexpertin war ich oft Exotin bei den vielen Coaches und Consultants, deshalb haben sich viele an mich erinnert. Mittlerweile organisiere ich wie gesagt selber alle möglichen Vorträge, Seminare, Events und Partys und lade immer wieder meine Kontakte dazu ein. Nach dem Erscheinen meines Buches „gesundgevögelt" im letzten Jahr brauche ich mir eh keine Gedanken über neue Kontakte mehr zu machen, die kommen von ganz allein.

2. Welches ist deine erfolgreichste Netzwerkstory, die dich persönlich, beruflich oder privat weitergebracht hat?

Ich habe vor Jahren einmal bei den Wirtschaftsjunioren einen Arbeitskreis geleitet und in dieser Funktion eine große Visitenkartenparty organisiert. Dafür suchte ich Sponsoren und konnte eine Firma gewinnen, die später einer meiner wichtigsten Kunden geworden ist. Die haben dann nicht nur meine eigenen Events gesponsert, wir haben sogar eine eigene Vortragsreihe entwickelt und sie haben mein Buch „Richtig essen im Job" in einer Sonderauflage drucken lassen und an ihre Kunden weitergegeben.

3. Welche 5 Profitipps zum Thema Netzwerken gibst du meinen Leserinnen und Lesern mit?

1. Sei in der Lage, kurz und knapp zu sagen, wer du bist und was du machst. Und zwar so, dass andere neugierig auf dich werden und Lust bekommen, mit dir in Kontakt zu treten.

2. Sei neugierig auf dein Gegenüber und frage mehr als du selbst von dir erzählst. Also höre mehr zu, als du selbst redest.

3. Bringe dein Gegenüber zum Lachen oder versetze es in Erstaunen. Das schlimmste No-Go: langweilig sein!

4. Wenn du auf eine Veranstaltung gehst, auf der sich vor allem Kollegen tummeln, erwarte nicht, dort Aufträge zu generieren, sondern nutze die Kontakte für konstruktiven Austausch oder einfach, um Spaß zu haben.

5. Organisiere selbst Events und lass die Leute zu dir kommen. Eigene Kunden zu gewinnen ist immer besser, als sie anderen zu klauen!

Susanne Wendel, Health & Fun GmbH
www.susannewendel.de
Mail: office@susannewendel.de

KAPITEL 2
Das Fundament für erfolgreiches Netzwerken

Netzwerken heißt, Beziehungen aufzubauen und Menschen miteinander zu verknüpfen. Es bedeutet auch, bereit zu sein, für andere etwas zu tun, ohne eigene Erwartungshaltung. Nur wenn Sie geben, ohne etwas zu wollen, werden Sie selbst auch etwas davon haben. In diesem Kapitel erfahren Sie, welche Einstellung und welches Handwerkzeug Sie brauchen, um erfolgreich zu netzwerken. Lernen Sie meine persönliche Netzwerkphilosophie kennen sowie die goldenen Regeln erfolgreichen Netzwerkens.

Netzwerke sind Beziehungen. Es gibt verschiedene Ebenen, Beziehungen aufzubauen. Wenn Sie zum Beispiel jemanden treffen, der das gleiche Hobby hat wie Sie, dann wird Ihre Beziehung eher auf privater Ebene entstehen. Wenn Sie auf einem geschäftlichen Seminar oder Event jemanden treffen, beschäftigt Sie womöglich das gleiche Business-Thema. Es kann natürlich auch sein, dass Sie jemanden treffen, mit dem Sie mehrere Gemeinsamkeiten haben, sowohl privat als auch geschäftlich. Je mehr Gemeinsamkeiten Sie finden, desto eher wird es Ihnen gelingen, die Beziehungsebene zu dieser Person aufzubauen und langfristig aufrechtzuerhalten. Natürlich gibt es Menschen, denen wir begegnen und die wir einfach auf Anhieb sympathisch finden, mit denen wir sofort eine Verbindung haben. Wie heißt es so schön: „Die Chemie muss stimmen." Je mehr Gemeinsamkeiten, desto besser wird die Beziehung passen, und sicher wird es auch Kontakte geben, bei denen die Chemie einfach nicht stimmt. Nehmen Sie das nicht persönlich. Oder lernen Sie von der anderen Person. Denn jeder Mensch, der uns nicht „ganz grün" ist, spiegelt uns etwas. Wenn Sie das erkennen, wird das Ihr Leben um einiges bereichern. Wenn Sie es schaffen, trotz anfänglicher Distanz neugierig auf die Person zu sein, dann werden Sie von der Begegnung lernen und davon profitieren. Klar kann es auch passieren, dass es mit jemandem langfristig einfach trotzdem nicht klappt. Das macht nichts und gehört dazu.

Netzwerken ist eine Lebensphilosophie

Nichts ist wichtiger als Ihre persönliche Einstellung zum Thema Netzwerken. Für mich ist Netzwerken eine Lebensphilosophie. Ich tue es immer und überall, ganz automatisch und natürlich, weil ich nicht anders kann. Egal wo ich bin, ich lerne stets jemanden kennen. Weil ich Netzwerken lebe und liebe. Und zwar jeden Tag. Sie können in vielen Netzwerkcommunitys Mitglied sein, aber ausschlaggebend für Ihren Erfolg ist Ihre Haltung! Wenn Sie wirklich bereit sind, sich darauf einzulassen, wird Ihnen Netzwerken genauso viel Spaß machen wie mir.

Netzwerken heißt Kommunizieren und sich für die Bedürfnisse und Interessen anderer zu begeistern.

Dazu gehört, eigene Bedürfnisse zurückzustellen und

Netzwerker zu finden, die genauso denken, denn diese werden Sie auf die gleiche Weise behandeln.

Sie werden sehen, es kann so leicht gehen, dass Sie gar nicht mehr *nicht* netzwerken können.

Eigentlich bedarf es auch nicht zwingend eines Termins dafür, denn wenn Sie das Netzwerken leben, wird es Sie in Ihrem Alltag, sowohl im privaten als auch im Business, stets begleiten.

Schauen Sie, was andere machen, aber finden Sie am besten Ihren eigenen Weg, der zu Ihnen passt, dann wird es funktionieren.

Die wichtigsten Networking-Tools

Was macht Sie einzigartig? Haben Sie bereits Ihre Positionierung festgelegt? Sie ist das Fundament, ähnlich wie beim Bau eines Hauses die Bodenplatte, denn ohne Positionierung kein Netzwerkerfolg.

Doch was heißt das genau? Nun, Sie müssen wissen, wer Sie sind, was Sie einzigartig macht und wofür Ihr Netzwerk Sie empfehlen kann.

Kennen Sie Ihren Expertenstatus? Wissen Sie, was Sie persönlich auszeichnet? Nein? Wie können Sie das herausfinden? Es ist wichtig, diese Frage beantworten zu können. Denn nur wenn Sie anderen erklären, was Sie können, werden Menschen Sie auch weiterempfehlen.

Das Gleiche gilt, wenn Sie ein Unternehmen haben. Warum sollte Ihr Kunde ausgerechnet bei Ihnen einkaufen oder Ihrer Firma den Auftrag erteilen? Welchen speziellen Nutzen, welche besondere Dienstleistung oder welchen Service bekommt er nur bei Ihnen und sonst nirgends? Was ist es, das Sie bieten, was andere nicht haben? Diese Punkte müssen Sie kennen, um eines der wichtigsten Tools beim Netzwerken zu beherrschen: den Elevator Pitch.

Der Elevator Pitch

Der Elevator Pitch, die sogenannte „Aufzugs-Präsentation", ist eine Kurzbeschreibung Ihrer Person, Ihrer Dienstleistung oder Ihres Produktes – und zwar in mindestens 30 Sekunden und maximal zwei Minuten. Der Elevator Pitch gibt Menschen, die Sie zum ersten Mal treffen, einen kurzen, informativen und prägnanten Überblick zu Ihrer Person und Ihrem Unternehmen oder Produkt. Je emotionaler Ihre Ansprache und je bildhafter Ihre Sprache, desto besser prägen sich andere Ihre kurze Rede ein.

Sie müssen es schaffen, Ihren Gesprächs- und Geschäftspartner, also den Zuhörer, neugierig zu machen, damit er oder sie ganz schnell erkennt, warum es Sinn macht, mit Ihnen weiter in den Dialog zu kommen.

Grundsätzlich wichtig ist, dass der Pitch Ihnen entspricht, ebenso wie Ihr Logo oder Slogan. Das muss zu Ihnen passen. Petra Polk steht zum Beispiel für KKK, früher hieß das Kinder, Kirche, Küche, heute steht es für kurz, knapp, knackig. Weniger kann mehr sein, Elevator Pitch heißt nicht rumlabern, sondern Ihre Talente und Angebote auf den Punkt zu bringen.

Es gibt unterschiedliche Möglichkeiten für den Aufbau des Pitches, hier möchte ich Ihnen eine Möglichkeit vorstellen:

Wann brauchen Sie den Elevator Pitch?

- auf Messen und Kongressen
- bei Netzwerktreffen – sowohl bei moderierten in der Vorstellungsrunde als auch auf offenen Netzwerktreffen, um in Kontakt zu kommen
- in Vorstellungsgesprächen
- bei Verkaufsgesprächen
- für Sponsoren- und Investorengespräche
- um Kontakte im Alltag zu knüpfen
- für Social-Media-Profile

7. Sprühen Sie vor Begeisterung.

8. Seien Sie authentisch.

9. Bauen Sie den Slogan Ihres Unternehmens ein.

10. Sagen Sie Ihren Namen erst im 2. oder 3. Satz.

11. Schließen Sie mit einer Aufforderung und wiederholen Sie noch mal Ihren Namen. Zum Beispiel: Mein Buchcoach Isabella sagt am Ende Ihres Elevator Pitches: Wer sich schon länger mit dem Gedanken trägt, ein Buch zu schreiben und zu veröffentlichen: Allen heute Anwesenden biete ich ein kostenloses, 20-minütiges Schnupper-Buchcoaching an. Nehmen Sie meine Visitenkarte mit und schreiben Sie mir eine E-Mail zur Terminvereinbarung.

12. Geben Sie den Zuhörern eine Chance, danach mit Ihnen in Kontakt zu kommen. Ein Beispiel: Sie sind Heilpraktikerin und haben in zehn Tagen einen Tag der offenen Tür, dann könnte Ihre Handlungsaufforderung sein: „Nächste Woche gibt es in meiner Praxis in XYZ einen Tag der offenen Tür, dazu lade ich Sie herzlich ein. Wenn Sie mir Ihre Visitenkarte geben, dann sende ich Ihnen Ihre persönliche Einladung. Oder wenn Sie jemanden kennen, für den das interessant sein könnte, geben Sie meine Einladung gerne weiter. Oder noch besser: Kommen Sie mit dieser Person zusammen!"

Sie werden sich jetzt vielleicht fragen, wie wohl mein Elevator Pitch aussieht. Mein Tipp an Sie, machen Sie sich einen Leitfaden, den Sie variieren können. Ich habe meinen sicherlich schon über hundertmal verändert und aktualisiert, aber die Basis ist gleich geblieben.

Bringen Sie unbedingt Leichtigkeit und jede Menge Authentizität hinein! Passen Sie ihn an die Zielgruppe an. Viele haben ja mehrere Dienstleistungen und wissen nicht, wie sie das alles in dieser kurzen Zeit rüberbringen sollen. Daher: Wählen Sie nur einen Schwerpunkt aus, der gerade jetzt zur Situation passt. Bloß nicht auswendig lernen, und erst recht nicht ablesen!

Mein Elevator Pitch

*Ich bin Petra Polk: Rednerin – Netzwerk- &
Social Media-Expertin und Buchautorin. Ich halte
Vorträge und schreibe über mein Lieblingsthema
Netzwerken, außerdem berate ich Unternehmen
im Bereich Social-Media-Marketing und führe das
Unternehmerinnennetzwerk W.I.N Women in
Network.
Meine besondere Expertise ist, dass ich jahrelange
Vertriebserfahrungen mitbringe und diese mit meiner Praxiserfahrung beim Aufbau eines erfolgreichen
eigenen Businessnetzwerkes kombiniere. Wenn Sie
jemanden kennen, für den das interessant ist, dann
freue ich mich über Ihre Empfehlung. Wenn ich
etwas für Sie persönlich tun kann, dann sprechen Sie
mich an.*

Die AIDA-Methode

1. *(A) Attention – Aufmerksamkeit erreichen:* Wie funktioniert das? Als Erstes beachten Sie bitte, dass in den ersten Sekunden, in denen Sie sprechen, Ihr Zuhörer sich erst auf Ihre Tonlage einstellen muss. Dadurch bekommt der Zuhörer oftmals die ersten gewechselten Worte nicht richtig mit. Deswegen müssen wir beispielsweise am Telefon häufig noch mal nach dem Namen fragen, weil die meisten Menschen diesen zuerst nennen. Da Ihr Name aber sehr wichtig ist und Ihr Gegenüber ihn sich einprägen soll, empfehle ich Ihnen also, nicht mit Ihrem Namen zu beginnen, sondern mit einem Satz, der nicht essenziell wichtig ist und dennoch neugierig macht. Das kann eine Frage sein, Ihr Slogan, eine Redewendung oder ein Zitat. Sehen Sie es als eine Art Einleitung, die auf Sie aufmerksam macht.
   Hier ein paar einleitende Sätze, die ich gern verwende: „Kontakte sind meine Leidenschaft" oder „Unsere Kontakte von heute sind unser Business von morgen" oder „Ich werde oft gefragt, was eine Netzwerkexpertin macht". So können Sie Fragen, Redewendungen, Slogans, die zu Ihnen passen, dafür verwenden.

2. *(I) Interest – Interesse wecken:* Hierzu ist es sehr wichtig, dass Sie Ihren Zuhörern erklären, was Sie besonders macht, was Sie anders als andere machen, warum sie gerade Sie brauchen. Arbeiten Sie mit Metaphern, bildhafter Sprache oder sogar mit Bildern oder Gegenständen, die Sie dabei haben, denn ein Bild sagt mehr als tausend Worte.
   Es gibt Bilder, die sich bei mir besonders eingeprägt haben aus den Tausenden Pitches, die ich schon gehört habe. So war es bei einem Coach ein Schlüsselbund, bei einer Office-Managerin der Schuhkarton, bei einer Immobilien-Maklerin das Legohaus, bei einer Finanzberaterin der Goldbarren, und so könnte ich

noch Tausende Beispiele aufzählen. Was ist es bei Ihnen?

Wir können uns Bilder einfach besser merken als reine Worte. Finden Sie Bilder, mit denen Sie in Verbindung gebracht werden möchten.

3. *D (Desire) – Kaufwunsch wecken:* Neulich sagte eine Unternehmerin: „Mein Name ist Programm, ich bringe Sie in Ihre Kraft!" Der Name der Unternehmerin war Kraft. Ein „Hinhörer" war auch, als eine Finanzberaterin sagte: „Ich mache Menschen reich!" Natürlich haben da alle aufgehorcht, denn wer will das nicht!?

Das Ergebnis von diesem Teil Ihres Pitches muss sein, das Ihre Zuhörer denken: „Ich will das auch ... ich will das haben". Wenn Sie das schaffen, haben Sie den Kaufwunsch erzeugt.

4. *A (Action) – Handlung einleiten:* Am Ende Ihres Elevator Pitches machen Sie eine Handlungsaufforderung. Nehmen Sie meine als Beispiel: „Wenn Sie jemanden kennen, der ..., dann freue ich mich auf Ihre Empfehlung."

Tauschen Sie auch unbedingt Visitenkarten aus! Und noch effektiver: Vereinbaren Sie gleich einen Termin für ein persönliches Treffen.

Small Talk

Die Kunst des Kommunizierens sollten Netzwerker beherrschen. Small Talk ist wichtig! Ich weiß, bei vielen ruft allein der Begriff Gänsehaut hervor. Dabei heißt das nichts anderes als: „ins Gespräch kommen". Damit meine ich keinesfalls „Gerede"! Small Talk ist eine leichte Unterhaltung – ein anregender Dialog, bei dem Informationen ausgetauscht werden und beide Parteien einen ähnlich hohen Redeanteil haben. Sie werden ein guter Gesprächspartner sein, wenn Sie die Bereitschaft haben, sich für andere Menschen zu interessieren. Dabei ist es sehr wichtig, zuzuhören und noch wichtiger: hinzuhören! Damit Sie auf Gesagtes eingehen können. Small Talk ist keine Selbstbeweihräucherung und auch keine Plattform für Selbstdarstellung. Hilfreich beim Small Talk ist es, Fragen zu stellen, und zwar solche, die zur Situation passen. Damit ist auch nicht unangenehmes Ausfragen gemeint, sondern interessiertes Befragen aus Neugier und echtem, ehrlichem Interesse am Gegenüber. Wenn Sie diese Regeln befolgen, wird Small Talk zur wahren Symbiose.

Was sind nun gute und weniger gute Small Talk-Themen? Da scheiden sich die Geister. Ich empfehle Ihnen, wählen Sie Themen, die zu Ihrem Gesprächspartner und zu Ihnen passen. Vielleicht fragen Sie sich, wie Sie das herausfinden. Eine Möglichkeit ist, am Anfang etwas allgemeiner und unpersönlicher zu bleiben und zum Beispiel über den Event zu sprechen oder die Location oder die Themen, die zur Veranstaltung oder zum Veranstalter passen. Gut ist auch, wenn Sie vorab die Gästelisten einsehen und sich näher über Gesprächspartner informieren.

Förderliche Themen beim Small Talk

Hobbys, Tiere, Anreise, Veranstaltung, Veranstalter, Referenten, Vortrag, aktuelle Tagesthemen und Komplimente gehen natürlich immer, doch nur ehrlich gemeinte.

Besonders wichtig: L Ä C H E L N!

Ein Lächeln kann Türen öffnen, deshalb lassen Sie auf keinen Fall den Humor und die Freundlichkeit zu kurz kommen, Netzwerken heißt eben auch, aufgeschlossen zu sein.

> Themen, die mit Vorsicht zu genießen sind: Religion, Politik, Geld, Krankheiten, Sex. Auch auf ironische Bemerkungen sollten Sie möglichst verzichten, denn das kann leicht zu Missverständnissen führen.

Tipps des erfahrenen Netzwerkers – Paolo Masaracchia im Interview

Ich bin begeistert, wie Paolo es schafft, auf Knopfdruck und mit einer geringen Vorlaufzeit wahnsinnig tolle Events auf die Beine zu stellen. Sicher gelingt ihm das, da er ein riesiges Netzwerk aufgebaut hat, und ich bin schon gespannt auf seine Geheimtipps.

1. Wo und wie netzwerken Sie denn am liebsten?

Überall, wo nette Menschen anzutreffen sind. Zum Beispiel auf Premierenfeiern, selbst im Privatleben sind die Netzwerkmöglichkeiten nicht zu unterschätzen.

fotocredit: Thorsten Schrader

49

2. Welches ist Ihre erfolgreichste Netzwerkstory, die Sie persönlich, beruflich oder privat weitergebracht hat?

Ich habe keine bestimmte Netzwerkstory. Ich freue mich, wenn Geschäftspartner von einer Zusammenarbeit mit mir begeistert sind und das Empfehlungsmarketing funktioniert. Mir macht es Spaß, Menschen zusammenzubringen. Schön finde ich zum Beispiel, dass sich eine Dame und ein Herr aus meinem Netzwerk auf einer meiner Veranstaltungen kennengelernt und kurz danach geheiratet haben.

3. Welche Profitipps zum Thema Netzwerken geben Sie meinen Lesern mit?

1. Pflegen Sie Ihre Kontakte im System gut ein. Zum Beispiel, wann und wo Sie diese kennengelernt haben.
2. Seien Sie immer verbindlich und halten Sie Vereinbarungen ein.
3. Sofern Sie die Möglichkeit haben, berücksichtigen Sie Ihre Geschäftspartner als Begleitperson für interessante Veranstaltungen. Geben Sie großzügig Weiterempfehlungen. Sie werden es Ihnen sicherlich danken. Aber erwarten Sie bitte keine Gegenleistungen dafür. Geben Sie ohne Erwartungshaltung und ohne etwas zurückhaben zu wollen.
4. Haben Sie Geduld. Manchmal dauert es länger, bis sich eine Geschäftsbeziehung anbahnt.

Paolo Masaracchia
www.hotel-moa-berlin.de

KAPITEL 3
Wie Sie ablegen, was Sie vom erfolgreichen Netzwerken abhält!

Für mich ist Netzwerken mittlerweile eine Selbstverständlichkeit geworden. Ich sehe die vielen Vorteile, die es bringt, und habe Spaß daran. Dass es nicht jedem so geht, hat mir ein vor Kurzem geführtes Gespräch gezeigt. Eine Unternehmerin aus Wien hat mir die Augen dafür geöffnet, wie negativ doch einige Menschen noch über Netzwerken denken und somit erst gar nicht damit beginnen. Wer nicht oder erfolglos netzwerkt, hat Widerstände und die gilt es abzulegen. Fangen wir gleich damit an!

Vorurteile über das Netzwerken

Netzwerken ist schwierig

Alles, was wir nicht gewöhnt sind, alles, was neu ist, finden wir häufig erst einmal schwierig oder anstrengend. Ich könnte auch schreiben: „Aller Anfang ist schwer." Das ist im gesamten Leben so und sicherlich auch beim Netzwerken. Einige Menschen haben eine vollkommen falsche Vorstellung vom Netzwerken und verwechseln es mit Verkaufen.

Es lohnt sich, zu hinterfragen, wie Sie davon profitieren und warum es vielleicht doch Sinn für Sie machen kann. Ob es Ihnen nicht etwas Positives bringen könnte. Denn wenn Sie diese zwei Fragen eindeutig beantworten, dann werden auch Sie bereit sein, sich intensiv auf das Thema einzulassen.

Netzwerken bringt nichts

Wie bei allem im Leben kommt es auch beim Netzwerken auf die persönliche Einstellung an. Wenn jemand schon die Vorstellung hat, dass Netzwerken nichts bringt, dann wird er höchstwahrscheinlich keine neuen Kontakte knüpfen und sich so in seiner Vorahnung bestätigt fühlen. Deshalb ist es wichtig, von vornherein mit einer positiven Einstellung an die Sache heranzugehen und sich im Klaren darüber zu sein, dass Netzwerken Zeit und Ziele braucht, um zu funktionieren.

Netzwerken braucht Zeit

So ging es auch mir, als ich mir 2007 viele Netzwerke angeschaut hatte und dann dachte: Das ist ja alles nett, bringt mich aber meinen Zielen nicht näher. Warum war das so? Erstens: weil ich eine völlig falsche Vorstellung davon hatte, was mir Netzwerken bringen soll (ich wollte Aufträge akquirieren und verkaufen!) und zweitens: weil sicher einige überhaupt nicht die richtigen Plattformen für mich waren. Heute weiß ich, dass Netzwerken Zeit braucht, dass es keine Auftragsvergabeplattform ist und ich eigentlich nicht zwingend eine Plattform brauche, da mir Netzwerken immer und überall möglich ist.

Ich bin introvertiert und habe Angst, auf fremde Menschen zuzugehen

Einige Menschen sind schüchtern, reden eher wenig und tun sich schwer, mit fremden Menschen ins Gespräch zu kommen. Genau das ist auch der Grund, warum viele von ihnen Netzwerkevents nicht besuchen oder besser gesagt, sich dieser Herausforderung gar nicht erst stellen. Sie vermeiden es und gehen dem ersten Schritt aus dem Weg. Small Talk ist und bleibt der Türöffner zu neuen Kontakten – sowohl online als auch persönlich. Wer Schwierigkeiten damit hat, mit unbekannten Menschen locker ins Gespräch zu kommen, dem empfehle ich, das einfach zu üben und sich ganz langsam vorzutasten. Verlassen Sie sich anfänglich einfach darauf, dass es immer welche gibt, die gerne im Mittelpunkt stehen und viel reden! Überlassen Sie das jenen und hören Sie einfach nur zu. Beobachten Sie und schauen Sie sich deren Eigenschaften ab. Übernehmen Sie manches, was Ihnen gefällt, beim nächsten Mal machen Sie es einfach selbst. Jeder Mensch hat eine andere Strategie und daher gibt es auch verschiedene Wege, zu netzwerken und Small Talk zu führen. Legen Sie zum Beispiel den Fokus darauf, beim Zuhören Ihr Wissen zu erweitern. Nehmen Sie es als Spiel! Dann geht es leicht – und macht Spaß.

Sehr gut eignen sich für Wortkarge und Schüchterne immer Einstiegsfragen, mit denen sie den Ball abgeben und der Gesprächspartner zum Erzählen aufgefordert ist. Und wenn Sie diesen Einstieg geschafft haben, dann brauchen Sie eigentlich nur noch gut zuzuhören und können daraus weitere neue Fragen ableiten. Bleiben Sie einfach authentisch! Wenn Sie etwas nicht beantworten können, was Sie gefragt werden, dann sagen Sie es ehrlich – mit einem Lächeln. Das wird Sie sogar noch sympathischer machen!

Einstiegsfragen können sich auf die Veranstaltung beziehen, auf die Anreise, auf das Business oder auf ganz persönliche Dinge. Machen Sie es wertschätzend und hören Sie auf Ihr Bauchgefühl, dann passt die Frage sicher. Beispiele bei Events sind: „Wie sind Sie auf die Veranstaltung aufmerksam geworden?", „Hatten Sie eine angenehme Anreise?", „Kennen Sie den Referenten?", „Was interessiert Sie genau bei dem heutigen Vortragsthema?", „Für was sind Sie Experte?"

Übung macht den Meister. Gelegenheiten dazu gibt es in unserem Alltag viele. Suchen Sie bewusst das Gespräch mit fremden Personen, zum Beispiel an der Supermarktkasse, im Café oder in öffentlichen Verkehrsmitteln. Trauen Sie sich einfach und starten Sie am besten gleich jetzt.

Netzwerken ist verkaufen

In vielen Köpfen kursiert noch immer die Vorstellung, Netzwerken sei so etwas wie das moderne Vertreter-Klinkenputzen. Folglich bedeutet das, wenn ich zu Netzwerkveranstaltungen gehe, dass mir etwas aufs Auge gedrückt und angedreht wird. Ganz ehrlich: Dann würde ich auch nicht hingehen! Denn wer will das schon? Niemand! Das hat rein gar nichts mit Netzwerken zu tun.

Diesen Irrglauben dürfen Sie ablegen. Netzwerken ist Kommunikation mit Menschen, die ich treffe. Indem wir miteinander reden, bauen wir eine Beziehung auf. Alles Weitere folgt dann ganz natürlich.

Diesen Irrglauben, dass Netzwerken verkaufen ist, durfte ich bereits bei meinen ersten Netzwerkaktivitäten kennenlernen. Netzwerken ist Kommunikation mit dem Menschen, den ich treffe. Das Einzige, das Sie beim Netzwerken richtig gut verkaufen sollten, ist Ihre Persönlichkeit. Was Sie dafür brauchen, haben Sie schon weiter vorne in diesem Buch gelesen. Sie müssen wissen, was Sie einzigartig macht, wofür Sie der Experte oder die Expertin sind und warum die anderen überhaupt mit Ihnen ins Gespräch kommen sollten. Mit einem freundlichen und authentischen Gespräch können Sie spielend leicht eine menschliche Beziehung aufbauen. Es geht nicht darum, etwas zu verkaufen, sondern etwas zu geben, zum Beispiel in Form von Empfehlungen.

Dort treffe ich ja eh nicht meine Zielgruppe

Diesen oder ähnliche Sätze habe ich schon so oft gehört! Und jedes Mal denke ich: Derjenige hat das Prinzip noch nicht verstanden. Ich gehe einfach einmal davon aus, dass Sie das nicht so sehen, dennoch möchte ich darauf eingehen. Beim Netzwerken geht es um den Kontakt hinter Ihren Kontakten, nicht darum, dass Sie Kunden, Auftraggeber oder Arbeitgeber treffen. Wer eine Vielzahl an Kontakten hat, der kann immer hilfreich für andere sein, indem er Empfehlungen ausspricht. Natürlich kann es Sinn machen, zu Veranstaltungen Ihrer Branche zu gehen, zum Beispiel, damit Sie die „richtigen" Leute (Branchenkollegen) treffen, um sich zu einem bestimmten Fachthema auszutauschen! Aber es ist nicht zwingend notwendig. Weil an sich jeder, den Sie treffen, Sie weiterempfehlen kann. Sie wissen ja nie, wen diese Person kennt. Vielleicht vermittelt er oder sie Ihnen genau den Kontakt, den Sie persönlich brauchen. Oder er oder sie trifft morgen genau die Person, die Sie suchen. Also bleiben Sie neugierig und seien Sie offen!

Netzwerken ist Zeitverschwendung

Damit Netzwerken für Sie keine Zeitverschwendung ist, empfehle ich Ihnen, es in Ihren Alltag zu integrieren. Zum Beispiel im Fitnessstudio Neukontakte zu machen, wenn Sie sowieso dort sind, um zu trainieren. Oder in der Schlange an der Eisdiele, wenn Sie eh gerade anstehen. Vielleicht wenden Sie nun ein: Wie soll ich denn beim Warten in einer Schlange ins Gespräch kommen?" Machen Sie es aus der Situation heraus. In der Eisdiele können Sie einfach fragen: „Welches ist Ihre Lieblingssorte?" oder „Welche Sorte können Sie mir empfehlen?" Oft reicht auch schon ein Austausch von einem Lächeln, einem Blick, um ins Gespräch zu kommen.

Wenn Sie zu Netzwerkevents gehen, prüfen Sie vorab, ob dieses Event zu Ihren Zielen passt. In den sozialen Medien können Sie im Vorfeld genau schauen, welche Plattformen Ihre Sprache sprechen und zu Ihnen passen. Was meine ich damit? Wenn Sie mit 140 Zeichen nicht klarkommen, weil Sie sagen, so kurz kann ich mich nicht fassen, dann wird Twitter nicht zu Ihnen passen. Xing ist eine Businessplattform, wenn Sie ein Business haben, das Privatpersonen anspricht, wird es wahrscheinlich nicht Ihre Plattform sein. Genau das müssen Sie für sich selbst herausfinden. Wenn Ihre Erwartungshaltung ist: Netzwerken sorgt für die Lösung Ihrer Ziele sofort und jetzt gleich, dann muss ich Ihnen recht geben, aus dieser Haltung heraus muss Netzwerken wirklich aussehen wie Zeitverschwendung. Denn es kostet Sie heute Zeit, und es braucht eine Zeitspanne, ehe Sie sagen können, es lohnt sich.

Netzwerken ist eine Zeitinvestition in der Gegenwart für die Ergebnisse von morgen.

Unterschiedliche Netzwerk-Persönlichkeiten

Netzwerken für leise Menschen

Oft höre ich von Menschen: „Netzwerken ist nichts für mich, da muss ich ja mit Wildfremden reden, das geht gar nicht! Das traue ich mich nicht. Ich bin total schüchtern." Leise Menschen sind eher introvertiert, zurückhaltend und manchmal auch abwartend. Sie lassen andere den ersten Schritt machen und agieren passiv statt aktiv. Leise Menschen sind oft sehr gute Beobachter und vor allem sehr gute Zuhörer. Bei Netzwerkevents werden sie sich zurückhaltend geben und sich eher zu Menschen gesellen, die ebenso ticken. Das ist ja in Ordnung. Sie werden auch nicht so schnell das Wort ergreifen. Doch wenn Sie mit Menschen ins Gespräch kommen, die zurückhaltender sind, stellen Sie sich einfach darauf ein, nehmen Sie Ihren Redeanteil etwas zurück und zeigen Sie echtes Interesse. Oft sind das die viel tieferen Beziehungen, die sich aufbauen. Sie netzwerken daher anders, und dennoch sehr intensiv. Leise Menschen prüfen meist genauer als die lauten, extrovertierten, wen sie in ihr Netzwerk aufnehmen möchten.

Wer gern redet, kontaktfreudig ist und offen auf Menschen zugeht, dem wird vielleicht auch das Netzwerken leichtfallen, das mag sein. Das heißt aber nicht zwangsläufig, dass er oder sie damit erfolgreicher ist. Denn um Kontakte zu knüpfen, braucht es vor allem die Haltung, dem Gegenüber zuzuhören und Interesse zu zeigen. Sie kennen sicher den Spruch: „Reden ist Silber, Schweigen ist Gold." Wenn Sie es einmal aus dieser Perspektive betrachten, dann ist Netzwerken für „leise" Menschen sehr vielversprechend! Menschen, die sich gut auf andere einstellen können, sind sehr erfolgreiche Netzwerker.

Falls Sie jetzt immer noch überzeugt sind, dass Sie nicht fürs Netzwerken geschaffen sind: Probieren Sie es trotzdem

einfach einmal aus und lassen Sie sich darauf ein. Dann können Sie immer noch entscheiden, ob Sie es (nie) wieder tun ...

Netzwerken für laute Menschen

Bei mir heißt es immer: „Na, *dir* liegt das ja im Blut, das
Netzwerken und Reden. Du bist ja schon als Netzwerkerin
geboren worden und so extrovertiert!"

„Laute", also extrovertierte Menschen, zu denen ich auch
mich selbst zähle, tun sich natürlich leichter, auf andere zu-
zugehen. Aus dem einfachen Grund, weil das Netzwerken
ihrem natürlichen Wesen entspricht. Doch kann es auch
Nachteile haben, beim Netzwerken zu sehr seine extrovertierte Seite zu zeigen. Denn die lauten Menschen können oft
nicht so gut zuhören und haben meist einen sehr hohen eigenen Redeanteil, was beim Netzwerken nicht unbedingt förderlich ist. Da sie auf sehr vielen Events anzutreffen sind,
kann es auch passieren, dass sie sich verzetteln, ihre Ziele
außer Acht lassen und das Zeitmanagement nicht hinbe-
kommen.

Zu den Vorzügen gehört auf jeden Fall, dass sie leichter
ins Gespräch kommen und sich leichter tun, Fremde kennenzulernen. Zudem sind sie meist viel unterwegs, also sind
auch automatisch die Chancen höher, neue Menschen zu
treffen.

Wie Sie Ihre Körpersprache beim Netzwerken optimal einsetzen

Die Körpersprache spielt eine sehr wichtige Rolle beim
Netzwerken, denn bevor wir überhaupt sprechen, zum

Small Talk kommen, kommunizieren wir schon über unsere Körperhaltung. Und oft können diese ersten Momente sehr entscheidend sein. Es kommt auf das gekonnte Zusammenspiel an zwischen dem, was gesagt wird, und dem, was wir über unseren Körper kommunizieren. Es geht darum, wie Sie Ihre eigene Körpersprache gezielt einsetzen, und dass Sie die Signale Ihres Gesprächspartners deuten können.

Brückenbauer und Türöffner: das Lächeln

Der Türöffner schlechthin ist immer ein natürliches Lächeln. Denn wie Sie wissen: Lächeln kann Brücken bauen, ein Eisbrecher für den Moment des Schweigens sein, und es macht Sie sympathisch. Wichtig ist, dass Ihr Lächeln nicht aufgesetzt oder künstlich wirkt, sondern authentisch und echt.

Positive Körperhaltung

Verschränkte Arme, übereinandergeschlagene Beine, zurückgelehnt im Stuhl und den Kopf leicht in den Nacken gelegt – diese Haltung vermittelt den Eindruck, dass die Person, die dieses Verhalten zeigt, nicht angesprochen werden möchte. Offenheit für andere können Sie hingegen im Sitzen mit leicht vorgebeugtem Oberkörper, offener Armhaltung, Blickkontakt und einem Lächeln signalisieren.

Bei einem Gespräch im Stehen beachten Sie den richtigen Abstand zu Ihrem Gesprächspartner: Wenn Sie zu nah stehen, fühlt sich Ihr Gegenüber bedrängt, doch wenn Sie zu weit weg stehen, fühlt sich Ihr Gegenüber nicht beachtet.

Es gibt keine Norm für einen richtigen oder falschen Abstand, wählen Sie eine Distanz, bei der Sie und Ihr Gegenüber sich wohlfühlen.

Kommunikation auf gleicher Augenhöhe

Beim Kommunizieren im Stehen ist entscheidend, dass Sie auf gleicher Augenhöhe sind, statt dass der andere zu Ihnen aufschauen muss. Der Größere sollte die Initiative ergreifen, die gleiche Augenhöhe herzustellen, zum Beispiel, indem er sich hinsetzt. Sollte das nicht möglich sein, wählen Sie auf jeden Fall einen größeren Abstand, so erscheint es beiden nicht so extrem.

Blickkontakt erwünscht

Wenn Sie im Gespräch mit jemandem sind, halten Sie möglichst den Blickkontakt. Es kann sehr desinteressiert und auch unhöflich auf den anderen wirken, wenn Sie den Blick ständig durch den Raum schweifen lassen. Denn so hat der andere das Gefühl, Sie interessieren sich nicht wirklich für ihn, sondern halten schon Ausschau nach dem nächsten Gesprächspartner. Sollten Sie jemanden erwarten oder mit einer Person verabredet sein, die gleich eintrifft, teilen Sie das am Anfang des Gesprächs mit, dann weiß Ihr Gesprächspartner, warum Sie sich gelegentlich umschauen. Genauso wenig sollten Sie eine Sonnenbrille tragen, denn es ist sehr unangenehm, wenn die Augen des Gesprächspartners nicht zu sehen sind. Sie sind das Tor zur Persönlichkeit und sorgen stark für Verbindung und Empathie.

Sie haben nichts zu verstecken

Zeigen Sie Ihre Hände! Lassen Sie sie nicht in den Hosentaschen verschwinden – oder hinter dem Rücken. Meist ist das eher eine Angewohnheit von Männern, aber ich habe das auch schon bei Frauen beobachtet. Lassen Sie sie lieber entspannt an ihren Körperseiten herunterhängen. Lockere Arme symbolisieren Souveränität, und wenn Sie vor Ihrem neuen Kontakt „nichts zu verbergen" haben, auch nicht Ihre Hände, spricht das für Offenheit und Vertrauenswürdigkeit.

Händedruck

Wählen Sie einen festen Händedruck und setzen Sie die ganze Hand ein, das signalisiert Respekt, Selbstsicherheit und Zielstrebigkeit. Es sorgt außerdem sofort für Verbindung und Empathie! Denn diese Berührung hat starke Kraft! Seien Sie also weder zu lasch noch drücken Sie zu fest zu. Sie erinnern sich sicherlich selbst gut an den letzten aussagelosen, laschen Händeschüttler oder an das letzte schmerzhafte Zudrücken …

Netzwerken mit Herz und Verstand

Wie bei allem im Leben haben wir bestimmte Werte, die uns wichtig sind. Leben Sie diese Werte auch beim Netzwerken, denn es macht Sie authentisch und glaubwürdig.

Authentizität

Versuchen Sie nicht, eine Rolle zu spielen, die nicht Ihrem wahren Selbst entspricht. Menschen haben Antennen, können soziale Masken sofort spüren und sind dann meist irritiert. Bleiben Sie also bitte einfach genau so, wie Sie sind, und trauen Sie sich, sich zu zeigen! Alles andere wird langfristig zu anstrengend, für Sie und auch alle anderen um Sie herum. Außerdem können Sie nur langfristige Beziehungen aufbauen, wenn Sie ehrlich sind!

Positive und wertschätzende Sprache

Vermeiden Sie Wörter wie „vielleicht", „eigentlich", „könnte, ja aber", „müssen", nutzen Sie eine positive Sprache, um zu kommunizieren.

Beispiel für eine Terminvereinbarung nach einem Gespräch mit einem neuen Netzwerkkontakt: „Wann können wir uns persönlich treffen, um dieses Gespräch zu vertiefen?" (Das negative Beispiel: „Eventuell können wir uns ja noch mal treffen" oder „Vielleicht hast du Lust auf einen weiteren Termin.")

Ehrlichkeit

Das heißt für mich auch, nein zu sagen, keine Versprechungen zu machen, die Sie nicht einhalten können, und es auch zu sagen, wenn eine Empfehlung nicht funktioniert hat oder nicht zu Ihrem Expertenstatus passt.

Offenheit

Echte Kooperationspartner sind wie Freunde, mit ihnen können Sie auch sprechen, wenn es einmal nicht so läuft und müssen nichts hinunterschlucken, was Wut, Ärger und Frust fördert und dann die Beziehung belastet. Ehrliche Kommunikation bedeutet, dass nicht jedes Wort auf die Goldwaage gelegt und auch die Situation des Gegenübers berücksichtigt wird. Nichts belastet oder verhindert erfolgreiche Geschäfte mehr als aufgestaute Emotionen, die persönlich genommen werden. Experten und Profis tun dies im Übrigen auch nicht mehr, weil Sie es sich schlichtweg nicht leisten können und wollen!

Wenn es Probleme gibt, Sie Ideen oder Vorschläge haben: Sagen Sie es einfach! Menschen sind intelligente Wesen und für eine ehrliche Meinung oder Einschätzung meist sehr dankbar. Sie gewinnen dadurch erst recht Vertrauen, weil Sie wissen: mit XY weiß ich Bescheid und immer, woran ich bin!

Dankbarkeit

Nehmen Sie eine Haltung von Dankbarkeit und Wertschätzung ein. Bedanken Sie sich bei Veranstaltern, Gesprächspartnern, Empfehlungsgebern, Unterstützern, Mentoren oder Sparringspartnern. Seien Sie dankbar für jedes gute Gespräch, jeden neuen Kontakt, jede Empfehlung und all die vielen Kleinigkeiten, die Ihnen Ihren Netzwerkalltag verschönern (ein schönes Büffet auf einem Event, einen Anruf am Folgetag, ein Lachen beim Kennenlernen ...).

Vertrauen

Vertrauen hat mehrere Facetten. Zu allererst: Vertrauen Sie darauf, dass Netzwerken für Sie erfolgsversprechend sein wird, sonst brauchen Sie gar nicht erst damit anzufangen. Vertrauen Sie Ihrem Netzwerk, dass es alles Mögliche für Sie tun wird! Vertrauen Sie auf Empfehlungen, die Ihnen ausgesprochen werden.

Zuverlässigkeit

Von Ihrer Zuverlässigkeit in puncto Netzwerken wird auch auf Ihre Zuverlässigkeit in Ihrem Business und in Ihrer Karriere geschlossen. Also achten Sie darauf, pünktlich zu sein und zu Verabredungen auch zu erscheinen.

Freundlichkeit

Netzwerken heißt auch: Nett sein, denn wir alle haben lieber mit netten Menschen zu tun. Das ist die beste und einfachste Basis für Ihren Netzwerkerfolg. Haben Sie gute Laune und versprühen Sie diese großzügig. Seien Sie höflich und freundlich.

Akzeptanz/Toleranz

Es müssen nicht alle einer Meinung sein, akzeptieren Sie andere Standpunkte. Es gibt kein richtig oder falsch. Vermeiden Sie es eher, zu diskutieren, sich skeptisch zu äußern oder Kritik zu üben. Akzeptieren Sie es einfach, wenn jemand anders denkt und handelt. Äußern Sie Ihre Meinung, erwarten Sie aber nicht, dass andere auch so denken müssen. Sie können auch einfach freundlich sagen: „Das sehe ich nicht so, doch ich denke darüber nach" oder: „Danke für den Hinweis, ich erkundige mich", je nach Situation.

Aufmerksamkeit

Zeigen Sie echtes Interesse für andere, seien Sie aufmerksam und hören Sie gut zu. Nehmen Sie sich Zeit für Ihre Netzwerkkontakte, nicht nur bei den erfreulichen Dingen, auch wenn Sie gebraucht werden. Denn ein echtes Netzwerk ist in guten und schlechten Zeiten für Sie da und umgekehrt! Solche Situationen können auftreten, wenn ein Kontakt von Ihnen finanzielle Probleme hat, wenn eine Diagnose für eine ernste Erkrankung feststeht oder er Probleme im privaten Umfeld hat. Seien Sie einfach ein guter Zuhörer, denn oft kann nur das allein schon eine Unterstützung sein, an die Menschen sich erinnern.

Herzlichkeit

Machen Sie nur das, was von Herzen kommt, dann werden Sie viel Freude haben. Lassen Sie Ihr Herz sprechen und vertrauen Sie auf Ihre Intuition sowie Ihr Bauchgefühl.

Anerkennung

Anerkennung ist mehr als Lob und Komplimente! Sagen Sie Ihren Kontakten, wofür Sie sie schätzen. Freuen Sie sich über die Erfolge Ihrer Netzwerkpartner und nehmen Sie daran Anteil. Denken Sie einfach immer daran, wie sehr Sie es selbst genießen, wenn sich andere Menschen mit Ihnen freuen.

Diese Eigenschaften brauchen Sie als erfolgreiche/r Netzwerker/in

Sicher hat jeder von uns ein anderes System, Kontakte oder Empfehlungen abrufbereit zu haben. Einige nutzen unterstützend Karteikarten, andere scannen Visitenkarten ein und wieder andere nutzen eigene Datenbanken. Ich werde oft gefragt, wie ich es mache. Bei Xing habe ich meine Kontakte in zahlreiche Kategorien eingeteilt, sodass ich auf einen Klick nach bestimmten Personen suchen kann. Ich kann mir aber auch sehr viel merken, vorausgesetzt, die Personen haben sich bei mir gut eingeprägt.

Gutes Gedächtnis

Wodurch prägen sich Menschen besonders ein? Eine große Rolle spielen dafür sicher Individualität und Sichtbarkeit. Das möchte ich Ihnen an zwei Beispielen erläutern. Vor ganz vielen Jahren habe ich eine Unternehmerin in Regensburg kennengelernt. Sie ist Coach und hatte immer einen Schlüsselbund dabei. Als ich sie nach Jahren an einem ganz anderen Ort wieder traf, wusste ich zwar nicht mehr ihren Namen, doch ich wusste, dass sie die Frau mit dem Schlüsselbund war und was ihr Business ist.

Vor etwa einem Jahr wiederum habe ich eine Unternehmerin aus Magdeburg in Berlin kennengelernt, sie hatte extra den Weg nach Berlin gemacht, weil sie unsere Community kennenlernen wollte. Jetzt habe ich sie in Hamburg bei einem anderen Event wieder getroffen und ich wusste noch, dass ich sie aus Berlin kannte und sie im Bereich Buchhaltung tätig ist. Warum ich sie mir eingeprägt hatte? Nun, Grund war der weite Weg, den sie damals auf sich genommen hatte. Das fand ich etwas Besonderes!

Ich bin mit allen persönlichen Kontakten im Social Web vernetzt, und je nach Aktivität dieser Kontakte lese ich auch immer wieder etwas von ihnen, wodurch stets neue Merkimpulse bei mir gesetzt werden.

Wen Sie einmal im Kopf haben, der geht Ihnen nicht mehr verloren ...

Wie können Sie in Erinnerung bleiben? Da gibt es sicher viele Wege. Der einfachste ist: Seien Sie bereit zu geben. Denn wenn Sie bereit sind, für andere etwas zu tun, werden Sie immer präsent sein. Sie können es auch über Farben, Fotos, regelmäßige Tipps, Metapher, Slogen schaffen.

Querdenker denken vernetzt

Querdenker sind Lösungsfinder, die mit alten Gewohnheiten brechen und neue Möglichkeiten schaffen. Da Netzwerken niemals in Einbahnstraßen verläuft und oft undenkbare Wege geht, fällt es Querdenkern auch leichter, vernetzt zu denken. Denn es gehören eine gewisse Flexibilität, Kreativität und Vorstellungskraft dazu, um zu entdecken, was möglich ist. Mein Tipp für Sie: Verabschieden Sie sich vom Schubladendenken, wenn Sie es nicht längst getan haben, dann werden Sie die richtigen Menschen treffen.

Setzen Sie nie wieder voraus, dass Ihr Kontakt etwas „eh nicht braucht". Ein Beispiel: Stellen Sie sich vor, Sie sind Versicherungsmakler und beschäftigen sich mit Versicherungen, die minderjährige Kinder betreffen. Im Fokus sollten dann nicht nur Personen stehen, von denen Sie wissen, dass sie selbst Kinder haben. Denn auch Menschen, die keine eigenen Kinder haben, kennen Menschen mit Kindern, haben Patenkinder, Nichten, Neffen oder sind Großeltern.

Optimiertes Zeitmanagement

Oft werde ich gefragt, wie ich meine vielen Kontakte verwalte, wie ich das organisiere und wie viel Zeit ich in sozialen Netzwerken verbringe. Auf jeden Fall stecke ich viel Zeit in die Pflege meiner Kontakte. Doch jeder muss seinen eigenen Weg finden, um das Netzwerken in seinen Tagesablauf einzubinden. Machen Sie sich doch einen Plan, welche Events Sie monatlich besuchen möchten, um – neben den vielen Chancen im Alltag – neue Kontakte zu knüpfen.

Bei persönlichen Netzwerkterminen, ganz egal, ob Sie zu einem Gespräch mit einem Netzwerkpartner verabredet sind oder ob Sie sich zu einem Netzwerkevent angemeldet haben, gilt: Betrachten Sie diesen Termin genauso wie einen Businesstermin. Nehmen Sie ihn ernst und wichtig! Denn bei so einem Netzwerktermin kann die Wirkung noch viel größer sein, als wenn Sie in gleicher Zeit einen Kundentermin wahrnehmen. Ich habe schon oft erlebt, dass jemand ein Netzwerkevent abgesagt hat, weil ein Kundentermin dazwischengekommen ist. Nun kann der Netzwerker zwar einen Kunden treffen, doch versäumt er ein Netzwerkevent, bei dem er eventuell 20 neue Kontakte kennengelernt hätte.

Für Social Media sollten Sie sich ein persönliches Zeitlimit setzen, falls Sie befürchten, sich sonst zu verzetteln. Beispielsweise kenne ich eine Unternehmerin, die sich zweimal am Tag einen Timer auf 30 Minuten stellt, damit sie nicht zu viel Zeit im Netz verbringt.

Bei mir kommt es ganz auf den sonstigen Ablauf meines Tages an. Ich schaue auf jeden Fall morgens und abends rein. Und oft nutze ich auch Reisezeiten und Pausen, um mich auf den aktuellsten Stand zu bringen. Ich denke, jeder muss selbst seinen individuellen Rhythmus finden und das Netzwerken in seinen persönlichen Alltag integrieren.

Neugierig sein

Neugierde ist der Schlüssel für fast alles. Für die eigene Weiterentwicklung und auch alle zwischenmenschlichen Beziehungen. Ich selbst bin ein unglaublich neugieriger Mensch. Das trägt sicherlich zu meinen Netzwerkerfolgen bei, denn ich interessiere mich immer für neue Menschen sowie neue Ideen und bekomme dadurch viel Inspiration und Anregungen. All das ist mit ein Grund, warum mich das Netzwerken so begeistert.

Neugierig sein heißt für mich auch, immer wieder andere Menschen und Persönlichkeiten kennenzulernen, weil wir alle viel voneinander lernen und uns gegenseitig bereichern und unterstützen können. Bei einem Bürgerempfang der Ministerpräsidentin von Rheinland-Pfalz Malu Dreyer stand zum Beispiel am Stehtisch neben mir eine junge Frau, die mich freundlich anlächelte. Wir kamen ins Gespräch und sie erwähnte, dass sie gerne ein Foto von sich mit anderen Gästen im Hintergrund wollte. Gerne tat ich ihr den Gefallen und schoss ein Foto für sie. Von Anfang an kamen wir einander bekannt vor, doch beide sprachen wir es nicht aus. Sie erzählte mir, dass sie eine Pension führte und bei der Veranstaltung den Honig aus der Imkerei ihres Vaters verkaufte. Ich gab ihr meine Visitenkarte und sie mir ein

Glas Honig, auf dem auch ihre Kontaktdaten standen. Noch dachte ich mir nichts dabei, der Honig war lecker. Doch bevor ich das leere Glas entsorgte, war es mir wichtig, die Kontaktdaten zu vermerken, und in dem Zusammenhang schaute ich mir die Webseite an. Und nun wusste ich auch, woher ich sie kannte. Vor etwa einem halben Jahr war ich im Zuge einer Weinverkostung mit Freunden zu Gast in ihrem Restaurant gewesen.

Sie sehen, die Welt ist ein Dorf. Um Netzwerkpartner empfehlen zu können, müssen wir viel voneinander wissen und ehrliches Interesse für die Ziele des anderen zeigen. Das schafft Verbindung.

Beziehungsfähigkeit

Beziehungen aufzubauen ist der Grundstein für Netzwerkerfolg. Das heißt, Sie müssen bereit sein, sich auf Beziehungen mit anderen einzulassen. Natürlich wird trotzdem nicht mit jedem Menschen die Chemie stimmen.

Beziehungen aufbauen heißt, Gemeinsamkeiten finden oder zu entwickeln. Finden Sie heraus, wo Ihre Wellenlinie ist und was Sie mit anderen gemeinsam haben. Was kann das sein? Sie leben in der gleichen Stadt, treffen sich auf einem Seminar, wo Sie sich somit für das gleiche Thema interessieren, Sie sind beide Tierliebhaber oder fahren gern Ski. Je mehr Gemeinsamkeiten Sie haben, umso leichter wird es Ihnen fallen, eine langfristige Beziehung zu schaffen.

Sicher werden Sie es nicht schaffen, mit allen Menschen in Kontakt zu bleiben, doch je mehr Ihre Wellenlinie passt, desto weniger schwer wird es Ihnen fallen. Wie Sie es schaffen, mit diesen Kontakten im Austausch zu bleiben? Mit Social Media ist das sehr einfach, ohne können es Anrufe in bestimmten Abständen sein oder weitere Seminare oder Veranstaltungen, zu denen Sie sich verabreden. Wenn Ihr

Business mit Reisetätigkeit verbunden ist, wird sich sicher auch das eine oder andere Treffen ausgehen, das dann kein großer Extraaufwand ist. Und übrigens: Messen sind auch immer wunderbare Gelegenheiten. Wichtig ist dann nur, dass Sie voneinander wissen, was Ihr Kontakt so plant.

Hartnäckigkeit

Einer meiner Lieblingssprüche, den ich schon erwähnt habe, lautet: „Höfliche Hartnäckigkeit hilft." So ist es. Bleiben Sie einfach dran, nicht penetrant und lästig, sondern ausdauernd. Hartnäckigkeit hat mich zu allen meinen bisherigen Ergebnissen gebracht.

Hartnäckigkeit heißt für mich einfach dranbleiben, nicht so schnell aufgeben, und beim Netzwerken ist es wichtig, Kontakte nicht nur aufzubauen, sondern auch regelmäßig zu pflegen. Jetzt werden Sie sich fragen, was ist regelmäßig? Wählen Sie einen Zeitraum, der für Sie angenehm und machbar ist, dann wird es auch für Ihr Gegenüber richtig sein. Sollte es Ihr Gegenüber nicht als angenehm empfinden, dann passen Sie wahrscheinlich nicht zusammen.

Zuverlässigkeit

Das Thema Zuverlässigkeit liegt mir besonders am Herzen. Denn seien Sie sich stets bewusst: Von Ihrer Zuverlässigkeit beim Netzwerken und in Netzwerkorganisationen wird automatisch auf Ihre Zuverlässigkeit im Business geschlossen. Sie können das nicht verhindern. Doch leider hat es sich heutzutage eingeschliffen, dass Menschen sich zu Events anmelden und dann, ohne abzusagen, nicht erscheinen oder erst 30 Minuten vorher absagen. Es zeigt Wertschätzung und Respekt, dass Sie zu dem Event erscheinen oder sich

24 Stunden vorher abmelden, wenn Ihnen etwas Wichtiges dazwischenkommt. So kann der Veranstalter auch besser planen und organisieren. Bitte bedenken Sie das bei Ihren zukünftigen Aktivitäten!

33 Erfolgstipps für erfolgreiche Profi-Netzwerker

Wie für alles im Leben, so gibt es auch fürs Netzwerken gewisse Spielregeln.

1. Die Welt ist ein Dorf

Als ich das erste Mal gelesen habe, dass wir von jedem Kontakt nur sechs Kontakte entfernt sind, hat mich das unglaublich fasziniert. Das heißt, wir können jeden Kontakt auf der Welt haben, wenn wir nur bereit sind, anders zu denken.

Netzwerken heißt, dass wir nicht immer sofort die Synergien erkennen, die sich aus den Menschen, denen wir begegnen, ergeben. Geschäfte werden von Menschen gemacht. Jeder von uns hat mindestens 20 ganz gute Kontakte, die uns sofort einfallen würden. Aber statistisch erwiesen ist, dass jeder von uns im Durchschnitt 500 Menschen in seinem Netzwerk hat. Das bedeutet, wenn Sie auf eine Veranstaltung gehen, bei der 20 Gäste anwesend sind, sind in Wirklichkeit 20 x 500 im Raum, und jeder von den 20 Anwesenden trifft ja am nächsten Tag wieder neue Menschen. Netzwerken heißt nicht immer, Business von Angesicht zu Angesicht. Oft kommt eine Anfrage aus der zweiten oder dritten Reihe unserer Kontakte.

Professionell Netzwerken heißt, etwas für andere zu tun, ohne selbst davon zu profitieren.

Wie ich Marcel Leeb (damaliger Marketingdirektor Metro-Goldwyn-Mayer – MGM) kennengelernt habe

Diese Story steht dafür, über wie viele Kontakte Netzwerken manchmal funktionieren kann.
Meine Freundin Hilde arbeitete im Kaufhaus Beck, und zu der damaligen Zeit gab es dort eine SPA-Abteilung, die aufgelöst werden musste. In dieser war Frau J. tätig, die sich beruflich verändern wollte. Meine Freundin sagte zu ihr: „Wenn du dich selbstständig machen willst, sprich mit Petra, was du für Versicherungen brauchst." Frau J. wurde meine Mandantin, und der Start in die Selbstständigkeit klappte hervorragend. Am 2. Februar 2010 war sie Gast unserer Eröffnungsveranstaltung und erfuhr dort, dass wir auch immer wieder Referenten zum Thema Vertrieb und Marketing brauchen. Kurze Zeit später stellte sie den Kontakt zwischen W.I.N und Marcel Leeb her, der bis heute als Workshop-Trainer bei W.I.N viele interessante Workshops zum Thema Marketing gemacht hat. Marcel Leeb wiederum hat den Kontakt zu dem langjährigen Mitglied unserer Community Sabine Thalmayr hergestellt. Was zeigt uns das? Netzwerken macht Dinge möglich und ebnet Wege. Ich hätte nicht einfach beim Unternehmen Metro-Goldwyn-Mayer anrufen und Marcel Leeb buchen können, und Sabine Thalmayr hätte ich womöglich nie getroffen.

2. Wertungsfreie Vernetzung

Den Begriff „wertungsfreie Vernetzung" habe ich geprägt. Ich habe ihn aufgrund von eigenen Erfahrungen kreiert. Wie es dazu im Einzelnen kam? Wir alle ertappen uns immer wieder dabei, dass wir sofort (ver)urteilen. Das ist vor allem oft der Fall, wenn wir jemand Neues kennenlernen. Ziel ist es, dass Sie sich nach dem Lesen dieses Buches davon verabschieden. Wissen Sie, warum? Weil Sie nie wissen können, was aus einem Kontakt entsteht. Seien Sie beim Netzwerken bloß nicht voreilig! Wer weiß, was diese Person eines Tages für Sie tun und Ihnen einmal bringen kann. Also netzwerken Sie mit allen immer und überall – ohne Wertung. Am Ende zählt das Ergebnis, finden Sie nicht? Vernetzen Sie sich wertungsfrei, es werden Empfehlungen kommen, die Sie nicht vermuten. Lesen Sie folgendes Beispiel …

Überraschung!

Bei einer meiner ersten Veranstaltungen im Oktober 2009 im Landkreis Ebersberg war Netzwerkerin Rosa zu Gast. Sie beschäftigt sich mit Heilströmen. Sie sagte: „Ich finde das toll, was ihr da macht, aber Vertrieb und Marketing sind nicht meine Themen." So kam sie zu keiner weiteren Veranstaltung, hat aber sehr wohl weiter beobachtet, was W.I.N Women in Network® macht. Ich habe Rosa dann längere Zeit nicht mehr gesehen und gehört. Bis mich eines Tages eine Münchner Tageszeitung anrief, die einen Artikel mit mir machen wollte. Meine Überraschung und Freude waren so groß, dass ich glatt vergaß zu fragen, wie sie auf mich gekommen waren und woher die Empfehlung stammte. Der Artikel erschien im Juli 2011 und vier Wochen später erhielt ich einen Brief mit dem Zeitungsartikel

und einem kleinen Notizzettel, auf dem stand:
„Liebe Petra, ich hoffe, du bist nicht böse, dass ich
deinen Kontakt an den Münchner Merkur gegeben
habe. Liebe Grüße, Rosa."
Ja, das ist wertungsfreie Vernetzung, woher hätte ich
denn wissen sollen, dass Rosa so gute Kontakte zur
Presse hat?

3. Schaffen Sie Gelegenheiten

Social Media ist ein Geschenk. Es ist eine wunderbare
Möglichkeit, vernetzt und verbunden zu sein und zu bleiben, und Menschen kennenzulernen, denen wir im realen
Leben wohl nie begegnen würden. Aber: Was nutzen uns
die Online-Kontakte, wenn es doch immer heißt: Geschäfte
werden zwischen Menschen gemacht und nicht zwischen
Profilen?

Schaffen Sie Gelegenheiten, um Ihre Kontakte aus dem
Netz persönlich kennenzulernen!

Lernen Sie Ihre Online-Kontakte kennen! Verabreden Sie
sich zum Businesslunch oder für eine Veranstaltung – einer
Ihrer eigenen oder einer anderen. Lassen Sie Ihr Netzwerk
wissen, was Sie selbst für Aktivitäten vorhaben, in welcher Stadt Sie gerade sind oder welche Events Sie besuchen
werden.

Statusmeldungen auf Xing oder Facebook können sehr
hilfreich sein. Wenn Sie eigene Events veranstalten, senden
Sie eine persönliche Nachricht, dass Sie sich ganz besonders freuen würden, diese Person auf Ihrem Event zu begrüßen. Vielleicht verschenken Sie ja auch einfach eine freie
Eintrittskarte per Mail?

Gelegenheiten schaffen und
Kontakte kennenlernen

Auf einem Event im Februar 2012 in Salzburg kam eine Frau extra aus Leipzig angereist. Ich hatte es geschafft, im Web eine Beziehung mit ihr aufzubauen, sodass sie bereit war, einen Weg von 900 Kilometern auf sich zu nehmen. Das war außergewöhnlich! Mein Tipp: Wenn Sie in eine andere Stadt reisen, treffen Sie mindestens einen Ihrer Social-Media-Kontakte.

4. Machen Sie Ihre Online-Kontakte zu persönlichen Offline-Kontakten

Ich glaube, gerade in den virtuellen Kontakten liegen noch ganz viele Potenziale verborgen. Viele von Ihnen haben viele virtuelle Kontakte, die Sie aber nicht persönlich kennen. Oder Sie lassen es nicht zu, sich im Web mit Menschen zu vernetzen, die Sie noch nicht persönlich kennen. Denn oft bekomme ich gerade zu Social Media die Aussage zu hören: „Ich mag lieber persönliche Kontakte!" oder „Ich vernetze mich nur mit Menschen, die ich schon persönlich kenne!" Ganz ehrlich, auch ich liebe persönliche Kontakte und ich kann Ihnen nur empfehlen, vernetzen Sie sich trotzdem mit Menschen, die Sie noch nicht persönlich kennen und machen Sie jeden virtuellen Kontakt zu einem persönlichen. Denn Social Media bietet Ihnen die Möglichkeit, sich mit jedem Menschen auf der Welt zu verbinden, Sie müssen es nur tun.

Seien Sie offen für neue Kontakte und erweitern Sie durch die optimale Vernetzung von virtuellen Kontakten und persönlichen Kontakten Ihr Netzwerk. Zum Beispiel macht es die erweiterte Suche in Xing möglich, dass Sie gezielt nach Menschen suchen können. Wenn Sie in virtuellen Netzwerken Kontaktanfragen von Menschen, die Sie nicht kennen, bekommen, seien Sie offen dafür und bestätigen Sie den Kontakt, denn Sie wissen nicht, wofür er noch gut sein kann.

Oft werde ich gefragt: Wie sind Sie auf mich gekommen? In vielen Fällen kann ich die Frage gar nicht beantworten. Es können die unterschiedlichsten Möglichkeiten sein, warum ich jemandem eine Kontaktanfrage stelle: die Person hat ein ansprechendes Foto, ist in einem Business tätig, das mich anspricht, arbeitet in einem Unternehmen, das mich interessiert, ist ein Kontakt meines Kontaktes, hat einen aufschlussreichen Beitrag geschrieben, hat meine Beiträge geliked, oder einfach so und es gibt gar keinen bestimmten Grund … Ans Vernetzen gehe ich vollkommen ohne Erwartungshaltung heran.

Ich empfehle Ihnen, täglich Ihr Netzwerk zu erweitern – virtuell *und* persönlich. Chancen und Gelegenheiten gibt es an jeder Ecke genug. Machen Sie virtuelle Kontakte zu persönlichen und persönliche auch zu virtuellen. Nutzen Sie Xing nicht nur als Datenverwaltungs-Plattform, also dass Sie nur Ihre persönlichen Kontakte bestätigen. Das wäre schade und beschneidet Sie um wertvolle Möglichkeiten, welche die Plattform bietet. Wenn Sie Menschen auf Events oder anderweitig kennenlernen, vernetzen Sie sich danach mit ihnen im Social Media, denn das hat den Vorteil, dass Sie sich nicht aus den Augen verlieren, sich gegenseitig ganz leicht ohne viel Zeitaufwand empfehlen und auch weiter miteinander kommunizieren können. Meine Erfahrung ist, dass heute auf kurzem Weg besonders viele via Facebook miteinander kommunizieren.

female Convention 2014

Am 2. Oktober 2014 war ich Gastrednerin auf der female Convention in Hamburg. Female ist ein Netzwerk für Frauen aus dem Gesundheits- und Lifestylesektor. Dort hatte ich die Gelegenheit, viele Personen, die mich schon lange aus Social Media kennen, persönlich zu treffen. Auch bei einem anderen Vortrag (auf der Messe: Job40plus in München) kamen nach meinem Vortrag einige Menschen zu mir und sagten, es freue sie, dass wir uns jetzt auch persönlich kennenlernten. Das funktioniert auch umgekehrt! Manche, die mich live hören, ergreifen im Nachhinein die Initiative und vernetzen sich mit mir im Web.

5. Zeigen Sie Präsenz

Erfolg beim Netzwerken hat mit Ihrer persönlichen Präsenz zu tun. Denn Ihre Kontakte müssen Sie oft gesehen haben, ehe Sie sich Ihre Person einprägen, sich erinnern können, was Ihr Business ist, und Sie weiterempfehlen. Prägen Sie sich durch Ihre Einzigartigkeit bei den anderen ein.
Wer nicht auffällt, fällt weg.

Präsenz können Sie sowohl persönlich wie online aufbauen, denn umso öfter Ihre Kontakte Sie auch im Web sehen, desto weniger können Sie vergessen werden. Mir geht es heute so, dass ich in Social Media zu einigen Kontakten schon im Web so eine intensive Beziehung aufbaue, dass ich dann gar nicht mehr weiß, habe ich denjenigen jetzt schon persönlich getroffen oder nicht?

78

6. Vertrauen Sie sich und Ihrem Netzwerk

Netzwerken hat mit Vertrauen zu tun. Mit Vertrauen in die Zukunft. Denn Erfolg mit Netzwerken ist nichts, was sich kurzfristig einstellt. Sie sollten so viel Vertrauen investieren, dass Sie sicher sind, dass Ihr Return kommen wird. Vielleicht nicht direkt, sondern indirekt. Oft von einer ganz anderen Seite, als Sie erwartet haben. Meistens auch überraschend.

Vertrauen heißt auch: Geben Sie sich Zeit, setzen Sie sich und andere nicht unter Druck. Bringen Sie mit dem Vertrauen in sich und andere Leichtigkeit ins Netzwerken.

7. Reden ist Silber, Schweigen ist Gold

Das Schweigen fällt uns Frauen manchmal besonders schwer, denn viele von uns reden gern viel. Nur gilt es zu bedenken: Wer selbst viel redet, erfährt wenig von anderen. Deshalb ist es beim Netzwerken sehr wichtig, auch sehr gut zuzuhören. Noch besser: Hören Sie genau hin! Das bedeutet, Ungesagtes zwischen den Zeilen herauszuhören. Seien Sie achtsam. Je besser Sie auf Details achten, desto eher werden Sie Anknüpfungspunkte mit Ihrem Gegenüber finden.

Wie sollen Sie etwas für andere tun, wenn Sie gar nicht wissen, was diese brauchen? Versetzen Sie sich in die Lage Ihres Gegenübers und machen Sie sich Gedanken, wie Sie Ihren Gesprächspartner unterstützen können. Die wichtigste Frage beim Netzwerken ist: „Was kann ich für Sie tun?" Dann müssen Sie nur noch zuhören ... Sie werden erstaunt sein, was Sie alles erfahren, wenn Sie ein guter Zuhörer sind. So erfahren Sie viel, können ganz konkret auf Ihren Gesprächspartner eingehen und bauen eine Beziehung auf. Sie werden feststellen: Das macht Sie als Mensch, Gesprächs- und etwaigen Geschäftspartner noch interessanter.

8. Sagen Sie der Welt, was Sie brauchen

Wer sagt, was er braucht, wird es auch bekommen! Ihr Netzwerk und Ihre Kontakte sollten wissen, was Sie brauchen, wo Sie Unterstützung benötigen, welchen Rat, welchen Kontakt oder welche Empfehlung. Sie müssen nur bereit sein, es zu kommunizieren. Teilen Sie Ihrem Netzwerk mit, was Sie suchen und welche Unterstützung Sie gerade benötigen. Dazu gehören Vertrauen und Offenheit – und manchmal auch, Schwäche zuzugeben. Das wird Sie sympathisch machen, denn wir alle müssen nicht perfekt sein. Menschen helfen gern, wenn wir selbst es nur zulassen.

Deshalb kann ich Ihnen nur empfehlen, streuen Sie Ihre Fragen an Ihr Netzwerk. Ganz egal, was es ist, ob Sie einen Seminarraum benötigen, eine Steuerberaterin, einen Buchtipp oder einen bestimmten Kontakt. Ich kann aus meinen Erfahrungen berichten, dass ich auf diese Weise schon an Kontakte zu super Referenten, tollen Hotels und vielem mehr gekommen bin.

9. Für Empfehlungen bedanken

Wenn Sie Empfehlungen aus Ihrem Netzwerk bekommen, vergessen Sie bitte nicht, sich zu bedanken. Denn Wertschätzung ist einer der wichtigsten Werte beim Netzwerken. Bedanken können Sie sich auf die unterschiedlichste Art: Das kann ein Anruf sein, eine Nachricht in Social Media, ein Kommentar, eine Empfehlung, ein nettes kleines Präsent … Es geht rein um die Geste. Sie wissen ja, kleine Geschenke erhalten die Freundschaft. Deshalb empfehle ich Ihnen, legen Sie sich nette Präsente zu, die Sie zu diesen Anlässen versenden können. Was können das für kleine Aufmerksamkeiten sein? Eine persönlich handgeschriebene Postkarte kommt in der heutigen E-Mail-Flut gut an, ein Präsent, das auf dem Schreibtisch Ihres Kontaktes länger steht oder gerade zum Jahresanfang ist ein netter Kalender sehr passend. Wichtig bei der Auswahl ist, dass es sehr persönlich, auf Ihren Kontakt zugeschnitten ist und an Sie erinnert.

10. Für den ersten Eindruck gibt es keine zweite Chance

So wie Ihr Gegenüber Sie auf einer Veranstaltung wahrnimmt, so sieht er Sie auch als Geschäftspartner. Nicht umsonst heißt es: Kleider machen Leute. Denn die perfekte Businesskleidung sowie ein gepflegter Haarschnitt und das passende Schuhwerk lassen auf Ihre Kompetenz schließen. Businesskleidung ist für jeden und vor allem in jeder Branche etwas anderes. Eine Yogalehrerin kann ganz anders gekleidet sein als ein Finanz- oder Bankberater. Bestimmte Etikette-Regeln gilt es jedoch immer einzuhalten.

Etikette-Regeln für Kleidung beim Netzwerken

Outfit – Frauen

- nicht zu viel Schmuck
- Kleidung, die zu Ihrem Business und dem Event passt
- Röcke nicht zu kurz (knielang)
- keine übertrieben bunt-knalligen und extrem langen Fingernägel (außer Sie sind Besitzerin eines Nagelstudios und dies ist Ihre Promotion)
- idealerweise keine schulterfreien Oberteile
- Strumpfhose unter Röcken und Kleidern tragen
- keine extrem hohen High Heels

- kein aufdringliches Parfüm
- keine „alten Treter" tragen oder sehr laute Absätze
- unbedingt Schuhe putzen
- gepflegte Frisur (frisch gewaschene Haare!)
- keine zu enge oder durchsichtige Kleidung
- angemessener Ausschnitt – nicht zu viel Dekolleté zeigen

Outfit – Männer

- Anzüge: Sakkos sollten in Arm- und Beinlängen passen
- Krawatte, wenn Sie eine tragen, professionell gebunden – Länge und Knoten
- Händedruck nicht zu fest
- kein aufdringliches Parfüm
- gepflegter Haarschnitt
- rasieren oder Bart pflegen
- auf saubere Hände und Fingernägel achten
- keine Ohrringe, Goldketten
- Hemd bügeln
- am besten gepflegte, neue Schuhe tragen
- Sockenfarbe sollte zum Schuh passen
- Gürtel: keine abgenutzten oder welche mit zu großer Schnalle

11. Nutzen Sie die Power der 3. Person

Ich merke häufig, dass die Macht der 3. Person noch nicht so genutzt wird. Dabei wirkt sie wahre Wunder. Vielleicht wird das noch immer unterschätzt. Ich habe es bereits erwähnt: Beim Netzwerken geht es vor allem auch um die Kontakte hinter Ihren Kontakten!

Die 3. Person sind die vielen Kontakte, die hinter Ihren Kontakten stehen. Beim Netzwerken geht es um Empfehlungen. Ihre Kontakte empfehlen Sie an die Kontakte, die sie kennen. Dadurch wird ein riesiger Hebel gesetzt, der einen weit größeren Kreis einschließt.

Nehmen wir als Beispiel eine Netzwerkerin, deren Dienstleistung Seminare und Coaching für Paare sind, sicher ein sehr sensibles Thema. Sie wird nicht zu mir sagen: „Petra, wenn du Probleme in deiner Partnerschaft hast, dann kannst du mit deinem Mann in mein Seminar kommen."

Doch wenn sie zu mir sagt: „Petra, falls du ein Paar kennst, dem eines unserer Seminare gut tun würde, dann freue ich mich auf deine Weiterempfehlung", prägt sich ihr Expertenstatus bei mir so ein, dass ich sie und ihr Business nicht mehr vergesse und tatsächlich an sie denken werde, wenn mir jemand begegnet, zu dem das passt.

Noch ein anderes Beispiel dazu: Sie sind Finanzberater und beraten Ihre Kunden im Bereich Kredite. Dann ist es natürlich unglücklich zu sagen: „Wenn Sie einen Kredit brauchen, dann sind Sie bei mir richtig!" Auch in diesem Fall würde die Strategie aus dem ersten Beispiel besser funktionieren.

Mit diesem Geheimnis erreichen Sie zwei tolle Gegebenheiten beim Netzwerken: 1. Sie öffnen die Tür für einen viel größeren Empfehlungskreis und 2. Sie sprechen niemals persönlich jemanden auf ein Thema an, mit dem Sie dieser Person zu nahetreten. Letzteres ist bei so hochsensiblen Themen wie Beziehung und Finanzen besonders wichtig.

12. *Fragen Sie nach Empfehlungen*

Empfehlungen sind taktvoll, clever und funktionieren. Also erkundigen Sie sich in Ihrem Netzwerk ganz konkret nach Empfehlungen. Fragen Sie bitte ab heute Ihre Kontakte: „Wen kennen Sie, der das braucht?" So erfahren Sie gleich einen konkreten Namen.

Weniger kann mehr sein! Lieber zwei ausgewählte Empfehlungen als zehn, die nichts taugen.

Zufriedene Kunden sprechen gerne Empfehlungen aus. Was Neukontakte anbelangt, gilt: Je konkreter Sie fragen, desto eher kann Ihr Kontakt Ihnen Empfehlungen aussprechen. Nennen Sie explizit das Thema, um das es geht, und wofür Sie Empfehlungen möchten. Und dann trauen Sie sich, so viele Menschen wie möglich konkret danach zu fragen. Aus Quantität entsteht eben doch manchmal Qualität, denn oft vermuten wir gar nicht, dass genau diese Person uns eine Empfehlung aussprechen kann. Das trifft übrigens auch für Dienstleistungen zu, die wir selbst brauchen. Ein aktuelles Beispiel dazu von mir: Ich habe gerade ein neues Nagelstudio gesucht, weil ich mit dem bisherigen nicht zufrieden war. Da mein Mann das weiß und mich ständig mit den beschädigten Nägeln sieht, hat er es vielen erzählt, darunter einem Nachbarn, den nicht mal ich gefragt hätte, und er hatte zufällig eine Bekannte, die gerade ein neues Studio eröffnet hatte. Das ist ein Beispiel zum Schmunzeln, finde ich. Fragen kostet bekanntlich nichts.

13. *Machen Sie sich unvergesslich*

Kennen Sie noch Schallplatten? Die Rillen darauf vergleiche ich immer mit unserem Gedächtnis. Wenn Sie möchten, dass Ihnen Empfehlungen ausgesprochen werden, müssen Sie sich in das Gedächtnis Ihrer Kontakte einbrennen. Doch wie können Sie das erreichen?

Sehen und gesehen werden ist dabei ein wichtiger Punkt. Denn: Aus den Augen, aus dem Sinn. Wie im Marketing gilt auch beim Netzwerken, wir Menschen brauchen drei bis sieben Impulse, ehe wir etwas kaufen. Die sieben Impulse können unterschiedlichster Art sein. Im E-Mail-Marketing spricht man von sieben E-Mails in gewissen Abständen, beim Netzwerken können es unterschiedliche Impulse sein. Erster Impuls könnte sein, dass Sie sich mit jemandem persönlich bei einem Netzwerkevent treffen, zweiter Impuls kann sein, dass Sie einander virtuell wieder in Facebook oder einer anderen Plattform begegnen, ein dritter Impuls kann sein, dass eine weitere Netzwerkerin Sie genau auf diese Person oder dieses Thema anspricht. Ein weiterer Impuls kann eine E-Mail sein oder ein Seminar, das Sie interessant finden.

Vielleicht kennen Sie ja auch die sogenannten „Netzwerkhopper", die jede Woche zu einem anderen Netzwerkevent gehen, um so möglichst viele Kontakte zu „machen". Die Visitenkarten sammeln. Fakt ist: Wenn sich zwei Menschen nur einmal gesehen oder geschrieben und die Kontakte ausgetauscht haben, bedarf es der Kontaktpflege, ehe Sie mit Weiterempfehlungen rechnen können. Wenn Sie sich persönlich getroffen und in Social Media verknüpft haben, können weitere Impulse natürlich dadurch kommen, dass Sie sich dem anderen immer wieder ins Gedächtnis rufen, indem Sie Postings teilen, die zu Ihrem Expertenstatus passen. Kommunizieren Sie inhaltlich wertvolle Beiträge und Texte, die zu Ihrem Expertenstatus passen, Tipps und Wissen zu Ihrem Thema. Weitere Impulse können sein, dass eine dritte Person über Sie spricht und Sie weiterempfiehlt, ein Buch oder ein Seminar, auf das Sie selbst aufmerksam machen oder gemacht werden.

Mein Vorbild Hermann Scherer

*Seit 2009 gab es ständige Berührungspunkte mit
meinem Vorbild und Mentor Hermann Scherer.
Natürlich ist er inzwischen sehr bekannt und Sie
können häufig von ihm lesen, dennoch sind das
die Impulse, die ich meine. Hermann Scherer ist
der Chef von „Unternehmen Erfolg", das mir
2010 durch Aktivitäten mit der Süddeutschen
Zeitung auffiel. Daraufhin gab es mit seinem Team
Gespräche zum Thema Kooperation mit meinem
Netzwerk W.I.N Women in Network. Nach einem
Vortrag des Netzwerks „Unternehmen Erfolg" sagte
eine Netzwerkerin zu mir: „Das Buch ‚Vom Trainer
zum Speaker' von Hermann Scherer, das ist klasse
für Redner, kauf dir das." Gesagt, getan. Ich habe
das Buch gekauft – und war begeistert. Dann habe
ich immer wieder beobachtet, wo er Vorträge hält,
aber es hat irgendwie zeitlich nie geklappt, dass ich
eine der Veranstaltungen besuchen konnte. Bis ich
Gast eines Seminars zum Thema „Buch schreiben"
war, bei dem die Referentin Susanne Wendel sagte:
„Kauft euch unbedingt das neue Buch von Hermann
Scherer!" Auch das habe ich gemacht. Gleichzeitig
verstärkte ich meine Aktivität in Facebook und
verfolgte die Postings von Hermann. So erfuhr ich
eines Tages, dass er zur selben Zeit in die gleiche
Region wie ich gezogen war. Und wie der Zufall
es wollte, hielt er 30 Kilometer von meinem neuen
Heimatort entfernt einen Vortrag. Bis zu diesem
Vortrag waren es noch zehn Tage und ich las in der
Zwischenzeit, dass Hermann Scherer ein interes-
santes Fortbildungsprogramm für Speaker hat, also
nahm ich persönlich Kontakt auf und buchte das
Training. Noch bevor wir uns jemals persönlich ken-*

nengelernt hatten.
Dieses Beispiel zeigt sehr schön: Es gab hier zahlrei-
che Impulse von anderen für Hermann Scherer.

„Produkte werden immer mehr gekauft als verkauft."
(Hermann Scherer)

In diesem Fall war es Hermann Scherer, der sich bei vielen
meiner Netzwerkkontakte so eingebrannt hatte, dass diese
ihn mir empfahlen. Es ist ganz selbstverständlich und natürlich, dass Sie neugierig werden und Vertrauen aufbauen,
wenn Ihnen immer wieder die verschiedensten Menschen
eine bestimmte Person empfehlen.

14. Sie müssen Personen, die Sie empfehlen, nicht zwingend persönlich kennen

Immer wieder höre ich Sätze wie: „Ich mag nur persönliche Kontakte, alles andere bringt ja eh nichts." Ganz ehrlich, diese Zeiten sind ja längst vorbei! Ich darf Sie jedoch
warnen: Ihre Gedanken können dennoch wahr werden. Mit
solchen oder anderen negativen Glaubenssätzen schränken
Sie sich persönlich ein. Ganz oft kommt mir außerdem zu
Ohren: „Ich muss ja auch noch irgendwann Geld verdienen."
Optimal ist es, wenn Sie Netzwerken und Geld verdienen verbinden können, was aber wiederum nicht heißt,
dass Sie alle wie ich eine Netzwerkorganisation aufbau-
en müssen. Wenn Sie Netzwerken leben, dann verdient
Ihr Netzwerk das Geld für Sie. Lassen Sie zu, dass Sie mit
Kontakten Geschäfte machen – auch wenn Sie diese nicht
persönlich kennen, sondern nur virtuell oder aufgrund
einer Empfehlung. Empfehlungen, die Ihnen ausgesprochen werden, müssen Sie natürlich selbst daraufhin prü-

fen, ob Sie zu Ihnen passen. Und genauso ist es auch umgekehrt, wenn Sie Empfehlungen aussprechen. Auch diese
bieten ja keine Garantie dafür, dass die beiden Kontakte zusammenpassen. Wenn mich zum Beispiel jemand nach einer
Empfehlung fragt, für die ich in meinem Netzwerk mehrere Kontakte habe, treffe ich eine Vorauswahl dafür, wer
am besten zusammenpassen könnte. Manchmal nenne ich
dem Netzwerkpartner mehrere Möglichkeiten und schreibe
Informationen dazu, die ihm die Auswahl erleichtern, oder
weise ihn gleich darauf hin, dass ich nicht genau weiß, welche Empfehlung sich am besten eignet, er möchte selbst die
genauere Auswahl treffen. Immerhin bietet auch das den
Vorteil, dass mein Netzwerkpartner nicht unter Hunderten
Namen wählen muss, sondern konkrete Empfehlungen aus
meinem Kontaktkreis erhält.

15. Schaffen Sie Kontakte für Ihre Kontakte

Das ist Netzwerken: Sie verbinden Menschen, die zusammenpassen, die voneinander profitieren können. Jeder von
uns hat ein Netzwerk, das wiederum aus vielen Anteilen
und Verzweigungen besteht. Ich erkläre das gern am Beispiel
einer Torte: Ihr Netzwerk ist eine Torte aus vielen einzelnen
Stücken. Optimal ist, wenn Sie allen Kontakten Ihr gesam-
tes Netzwerk – also alle Tortenstücke – zugänglich machen.

In welchen Bereichen sind Sie vernetzt? Wie könnten Ihre
Tortenstücke heißen? Um es Ihnen etwas zu erleichtern, verrate ich Ihnen gerne meine:

Xing, Facebook, Twitter, W.I.N, Käthe Ahlmann
Stiftung, Nachbarn, Freunde, Familie, Turnverein, Kunden,
Geschäftspartner, Kooperationspartner, Referentenpool,
Schulfreunde, …

Ideal ist es, passende Kontakte aus den einzelnen Netzwerken miteinander zu verknüpfen. In einem meiner

Webinare zum Thema Netzwerken wurde ich einmal nach einer Empfehlung für eine Fotografin gefragt, die ich dann mit einer Unternehmerin aus meinem W.I.N-Netzwerk in Kontakt gebracht habe. Bei einem Vortrag in Dresden sprach mich eine Veranstalterin an, die eine Referentin aus dem Bereich Wasserwirtschaft suchte. Ich habe sie mit einer Dame aus dem Referentenpool vernetzt. Wenn jeder von uns täglich sein Netzwerk erweitert und auch bereit ist, seine Netzwerkkontakte anderen zugänglich zu machen, entsteht eine unübertreffbare Win-Win-Situation für alle.

16. Pflegen Sie Ihre Kontakte

Kontaktpflege und -akquise sind gleich wichtig! Bemühen Sie sich um neue Kontakte und pflegen Sie Ihre bestehenden. Es kann auch Sinn machen, Ihre Kontakte nach Wichtigkeit in Kategorien einzuteilen. Einige von Ihnen werden das vielleicht aus der Kundenbetreuung kennen? Dort spricht man von A-, B- oder C-Kunden. So ähnlich können Sie es bei Ihrem Netzwerk sehen. Beim Netzwerken wären die A-Kontakte jene, die mir regelmäßig Empfehlungen aussprechen, die ich persönlich kenne, mit denen ich eventuell selbst zusammenarbeite, die B-Kontakte wären jene, die ich persönlich kenne, doch mit denen ich noch nicht selbst zusammengearbeitet habe, weil ich eventuell die Dienstleistung noch nicht benötigt habe. Die C-Kontakte schließlich setzen sich aus jenen Personen zusammen, die ich noch nicht persönlich kenne, die jedoch in meinem Kontaktkreis sind.

Vielleicht reicht Ihnen auch die Einteilung nach Themengebieten, wie wir sie unter „Schaffen Sie Kontakte für Ihre Kontakte" vorgenommen haben. Probieren Sie es und entwickeln Sie Ihr eigenes System. Der eine verfügt über ein sehr gutes Gedächtnis und hat immer den passenden Kontakt samt Daten abrufbereit, der andere pflegt eine

Datenbank oder ein eigenes Verwaltungssystem im PC, der Dritte hat einen Schuhkarton, in dem alle Visitenkarten der letzten zehn Jahre zu finden sind, der Nächste hat ein Karteikartensystem und andere führen ein Notizbuch. Ganz egal welches System, Hauptsache, es funktioniert für Sie!

17. Professionell empfehlen

Wie können Sie professionell Empfehlungen aussprechen? Am einfachsten geht das natürlich persönlich, wenn Sie beispielsweise auf Netzwerkevents zwei Kontakte direkt miteinander bekannt machen können.

Beispielsweise treffen Sie auf einem Event eine Person, die Sie einer anderen Person vorstellen möchten. Sie sagen einfach: „Frau A. ich möchte Sie gern mit Frau B. bekannt machen." Auf diese Einleitung sollte natürlich der Grund folgen, warum Sie dies für sinnvoll halten, wo Sie persönlich den Grund sehen, warum diese zwei Personen sich unbedingt kennenlernen sollen. Alles Weitere überlassen Sie den beiden selbst. Doch so haben Sie die Brücke zwischen zwei Personen geschaffen, die sonst vielleicht nicht zueinandergefunden hätten, obwohl sie möglicherweise voneinander profitieren können. Eine weitere Möglichkeit für eine Empfehlung bietet sich, wenn Sie bei einem Event nach einer bestimmten Empfehlung gefragt werden. In dieser Situation können Sie überlegen, ob bei diesem Event jemand anwesend ist, der dafür förderlich ist, oder der wiederum jemanden kennt, der förderlich ist, auch wenn diese Person nicht persönlich anwesend ist.

Doch häufiger wird es der Fall sein, dass Sie „unpersönlich" empfehlen. Das kann eine E-Mail an zwei Personen sein, in der Sie die beiden miteinander bekannt machen – in der Sie auch beschreiben, warum Sie die beiden einander vorstellen und natürlich die Kontaktdaten beider hinzufügen (am besten holen Sie dafür vorab das Okay ein!).

Noch leichter und schneller geht es in Facebook und Xing – mittels der Funktionen „Freunde vorschlagen" und „Kontakt empfehlen". Früher hätten wir gesagt, auf dem kurzen Dienstweg. Ich selbst verbinde manchmal Menschen ohne direkten Grund, einfach nur, weil ich meine, die Chemie könnte passen und es gibt Synergien oder es könnte eine Bereicherung des Netzwerkes sein.

18. Machen Sie Ihr Netzwerk zu Ihrem besten Verkäufer

Nun haben Sie ja schon an anderer Stelle gelesen: Netzwerken ist nicht verkaufen. Dennoch kann Ihr Netzwerk unglaublich viel *für* Sie verkaufen. Empfehlungen sind Gold wert und genauso ist es, wenn Ihre Kontakte und Freunde zu Ihren Empfehlungsgebern werden. Das setzt natürlich voraus, dass diese genau wissen, wofür Sie sie weiterempfehlen können.

Eine Unternehmerin und Buchautorin sagte vor ein paar Jahren in Berlin zu mir: „Frau Polk, ich muss nicht mehr netzwerken, für mich netzwerken andere." Das hat mich damals zum Nachdenken angeregt. Heute weiß ich genau, was sie damit gemeint hat. Sie ist inzwischen zu ihrem Thema so bekannt und hat sich ein Netzwerk von Fans aufgebaut, die sie bei den passenden Kontakten empfehlen. Und diese Kette hört nie auf, denn durch die Empfehlung lernen wieder andere Menschen sie kennen und schätzen – und so setzt sich der Empfehlungskreislauf fort.

Was Sie unbedingt noch wissen müssen: Empfehlungsgeber werden Sie immer präsent haben und weiter promoten. Das läuft nach dem Pareto-Prinzip: 20 Prozent Ihres Netzwerkes bringen Ihnen 80 Prozent Ihrer Empfehlungen!

Beim Netzwerken in Social Media können Fans und Kontakte mit noch weniger Aufwand ganz viel für Sie tun, durch Likes, Kommentare, Empfehlungen und alle anderen Möglichkeiten, die das Web anbietet. Man nennt es viralen Effekt, wenn Ideen, Meinungen in kürzester Zeit verbreitet werden, ähnlich wie bei der Mundpropaganda – doch räumlich und örtlich unabhängig. Sie erreichen dadurch Menschen, die hinter Ihren Kontakten sind und von denen Sie noch nichts wussten. Mit wenigen Mausklicks können Sie im Web Ihre Kontakte weltweit verzehnfachen.

19. Gehen Sie allein auf Netzwerktreffen

Viele Frauen gehen meiner Beobachtung nach nie allein zu Netzwerkevents, sondern immer in Begleitung von Bekannten. Ja klar, zu zweit macht vieles mehr Spaß und Sie können zudem Fahrgemeinschaften bilden. Ich empfehle Ihnen dennoch, allein auf diese Events zu gehen, denn Sie wollen ja neue Kontakte knüpfen. Wenn Sie doch zu zweit gehen, dann trennen Sie sich für die Veranstaltung, damit Sie mit anderen ins Gespräch kommen. Bei Veranstaltungen, auf denen Sie viele treffen, die Sie schon kennen, setzen Sie sich bewusst zu neuen Gästen, denn nur so erweitern Sie Ihr Netzwerk. Von „Cliquen" fühlen sich andere „ausgeschlossen" und das verhindert effektives Netzwerken.

20. Wählen Sie passende Fotos für Ihre Netzwerke aus

Authentische, aktuelle und passende Fotos spielen eine größere Rolle, als Sie vielleicht meinen. Oft ist es heute so, dass Menschen den ersten Eindruck von Ihnen im Web gewinnen, genau deshalb sind Fotos von Ihnen in Social-Media-Plattformen Teil Ihres Profils. Optimal ist es, wenn diese Fotos Sie genau so darstellen, wie Sie von Ihren Gesprächspartnern gesehen werden wollen. Als wilde Rockmusikerin, feminine

Stylistin oder seriöse Finanzberaterin? Achten Sie darauf, dass Sie professionelle Fotos online stellen! Zeigen Sie den Kleidungstil, der zu Ihrem Business passt. Aktualisieren Sie die Fotos mindestens einmal im Jahr. Sinn macht es auch, in allen Plattformen mit den gleichen Fotos zu arbeiten, so haben Sie gleich den Wiedererkennungseffekt. Vor allem auf Facebook-Privatprofilen sehe ich vollkommen unpassende Fotos, dann sagen die meisten, das sei ja privat. Da haben Sie recht, doch bedenken Sie: Auch Privatprofile sind für alle, auch Ihre Geschäftspartner, sichtbar.

Ich sage: Petra Polk gibt es nur einmal und ich möchte, dass Sie die Petra Polk im Internet sehen, die Sie dann auch in persona treffen.

Deshalb werde ich auf Events, Kongressen und Messen oft angesprochen: „Sie sind doch die Frau Polk!?" Dazu tragen meine Fotos und meine Präsenz bei. Und genau das wünsche ich Ihnen auch!

Und noch ein Tipp: Vergewissern Sie sich bei Ihrem Fotografen – am besten, bevor Sie die Fotos machen lassen – ob Sie mit der Bezahlung auch alle Rechte erwerben, um die Fotos uneingeschränkt für sämtliche Zwecke, die Sie im Sinn haben, verwenden dürfen (Print- und Online-Aussendungen, Internetprofile, Weitergabe für Interviews, …). Vergessen Sie auch nicht, den Fotocredit anzuführen.

21. Vorbereitung ist die halbe Miete

Grundsätzlich heißt es ja bei allem, was Sie tun: Vorbereitung ist die halbe Miete … Das trifft auch auf das Netzwerken zu.

Bereiten Sie Ihren Elevator Pitch vor. Schreiben Sie ihn am besten zu Hause auf und prägen Sie sich die Inhalte ein. Ihre Worte dürfen beim Vortragen variieren!

Sehen Sie die Gästeliste im Vorfeld ein und informieren Sie sich, wen Sie treffen werden und mit wem Sie sich persönlich unterhalten möchten. Denn oft ist es ja auf diesen Events nur möglich, mit wenigen zu sprechen, also umso wichtiger, sich jene Menschen herauszupicken, die für Sie am wichtigsten sind. Idealerweise nehmen Sie bereits vor der Veranstaltung Kontakt auf und/oder vernetzen sich in Social Media.

Door-opener

Vor etwa einem halben Jahr war ich auf einem Netzwerkevent in Karlsruhe und habe vorab in Xing alle Teilnehmer angeschrieben, die sich zu der Veranstaltung mit Zusage eingetragen hatten. Das Ergebnis: Einige haben meine Mitteilung gar nicht gelesen, viele haben freundlich geantwortet und gesagt, dass sie es leider doch nicht schaffen, zu kommen, und andere haben geantwortet, dass sie sich freuen, mich zu treffen. Das Resümee beim Event war, dass alle auf mich zukamen und mich angesprochen haben, so erwies sich diese Aktion als Türöffner, mit den Menschen auf dem Event direkt persönlich in Kontakt zu kommen. Wir hatten sofort einen Gesprächseinstieg – meine Kontaktaufnahme im Vorfeld war ganz einfach unser Small Talk-Thema. Natürlich gab es auch welche, denen meine Aktion gar nicht gefallen hat. Sie kennen ja die 20:80-Regel ... Mein Netzwerk konnte ich jedenfalls an nur diesem einen Abend um 50 Personen erweitern (auch um einige, die an dem Abend nicht einmal anwesend waren).

Achten Sie darauf, ausreichend viele Visitenkarten dabeizuhaben, und studieren Sie die Informationen des Veranstalters:

Wie ist der Ablauf, welches Programm ist geplant, was erwartet Sie genau, gibt es ein bestimmtes Thema? Wie können Sie mit dem Veranstalter in Kontakt treten und sich bedanken?

Etikette-Regeln für Netzwerkevents

- Pünktlichkeit
- verbindlich zusagen
- wenn etwas dazwischen kommt, rechtzeitig absagen
- freundlich alle begrüßen
- Alkohol nur in Maßen
- Handytöne abschalten
- während des Gesprächs Blickkontakt halten

Auch für das Netzwerken in Social Media bedarf es der Vorbereitung. Bevor Sie Kontaktanfragen stellen, prüfen Sie, ob Ihr Profil aussagekräftig ist und Ihr Foto Sie so zeigt, wie Sie von Ihren neuen Kontakten, Businesskunden oder Arbeitgebern gesehen werden möchten. Wenn Sie Kontaktanfragen verschicken, so ist mein Tipp: Führen Sie zusätzlich ein persönliches Gespräch – am Telefon oder auf Skype. Sie können auch erst anrufen, im Gespräch ein Verbinden auf Social Media vorschlagen und erst dann eine Kontaktanfrage stellen. Egal, wie Sie es machen: Bereiten Sie sich auf das Gespräch vor, schauen Sie vorab den Lebenslauf, die Webseite und natürlich das Profil an, damit Sie Anknüpfungspunkte finden. Überlegen Sie sich, was das Ziel des Gespräches ist und was Sie der Person von sich selbst erzählen wollen. Die meisten Menschen schätzen es, wenn Sie begründen, warum Sie sie kontaktieren.

Ich werde sehr oft von Personen angerufen, deren Schwerpunkt Vertriebsaufbau ist. Nur was die meisten von ihnen übersehen, ist, dass ich selbst 24 Jahre Vertriebserfahrung habe. Der Anrufer sollte das wissen und darauf eingehen können.

22. Überlegen Sie sich gut, wo Sie einander das erste Mal treffen

Zur Gesprächsvorbereitung für ein persönliches Treffen gilt dasselbe wie für Telefonate. Ich finde es zusätzlich wichtig, dass Sie sich den Ort gut überlegen, wo Sie sich zum ersten Mal treffen. Wenn Sie die persönlichen Interessen, Hobbys und Vorlieben kennen, wird es Ihnen etwas leichter fallen, einen Ort vorzuschlagen.

Wenn mich jemand fragt, wo wir uns treffen wollen, dann gibt es zwei Varianten. Entweder ich schlage etwas vor, weil ich es bequem haben möchte, eventuell gleich am Bahnhof, wenn ich auf Reisen bin, oder ich bitte denjenigen, selbst etwas vorzuschlagen, denn auf diese Weise lerne ich immer neue Locations und Orte kennen.

Bei persönlichen Gesprächen macht es Sinn, vorab die Gesprächsthemen festzulegen und eine Agenda an Ihren Kontakt zu senden, was auch bei zielgerichteten Telefonaten wichtig sein kann.

Ein Beispiel: Im Sommer habe ich mir einen Outdoor-Schreibplatz auf einer Burg gesucht und bevor ich losfuhr, dachte ich noch: Petra, nimm mal Visitenkarten mit, falls dich jemand fragen sollte, was du da schreibst und dann gleich das Buch kaufen möchte. Tatsächlich wurde dieser Gedanke wahr! Der Türöffner war gar nicht das Buch, sondern ein Gespräch über die Zugangsregeln zum Burg-Territorium. Es gibt so viele Gelegenheiten, wir müssen sie nur nutzen.

23. Nachbereitung von Netzwerkaktivtäten

Nachbereitung ist effektiv. Wichtig ist, was Sie aus Ihren neuen Kontakten machen. Für den Fall, dass Sie von einem Netzwerkevent mit 20 neuen Visitenkarten kommen, empfehle ich Ihnen: Schauen Sie an, mit wem Sie intensiver in Kontakt treten möchten, um dann mit denjenigen einen Telefontermin oder ein persönliches Treffen zu vereinbaren. Meine persönliche Einstellung ist: Lieber zwei intensive Kontakte als 20 oberflächliche. Mit allen anderen würde ich mich auf jeden Fall in Xing und Facebook vernetzen, um weiterhin kommunizieren zu können. Wenn Sie eine eigene Datenbank mit einem Newsletter-System haben, empfehle ich Ihnen, sich das Einverständnis dafür einzuholen (mündlich oder per E-Mail) und die neuen Kontakte auch in Ihre Datenbank einzutragen. Eine Datenbank zusätzlich zu Social Media macht deshalb Sinn, weil die Kontakte dann von Ihnen selbst verwaltet werden können und in Ihrem Besitz sind. Andernfalls steuern und verwalten die Plattformen Ihre Daten und gehören diesen.

Für die Nachbereitung gilt ebenfalls die 72-Stunden-Regel: Machen Sie die Nacharbeit unmittelbar, damit Sie noch alle Informationen präsent haben und auch Sie noch im Gedächtnis der anderen Personen sind.

24. Prägen Sie Ihre Marke

Seien Sie ein Mensch mit Ecken und Kanten, seien Sie anders als andere. Ich habe es bereits erwähnt und wiederhole es erneut: Bleiben Sie sich selbst treu und spielen Sie keine Rolle, das Schauspiel werden Sie ohnehin nicht lange durchhalten. Und für Ihren Erfolg brauchen Sie definitiv Durchhaltevermögen. Seien Sie also so authentisch wie möglich, umso einprägsamer sind Sie als Person – und das macht Sie selbst zu Ihrer „Marke". Sie müssen es nicht allen recht machen und von allen geliebt werden. Gewöhnen Sie sich am besten die gesunde Einstellung an: „Mich müssen nicht alle mögen." Stellen Sie sich stattdessen von Anfang an darauf ein: Wenn Sie erfolgreich sind, werden Sie viele Neider und Kritiker haben – und Sie werden kopiert werden. Ein gutes Zeichen! Dann wissen Sie, dass Sie alles richtig gemacht haben.

Je besser Ihre Ideen sind, desto öfter werden sie kopiert!

Ihre Marke muss sich komplett durch Ihren Auftritt ziehen, sprich: in Social Media, auf Ihrer Webseite, Ihren Visitenkarten, Flyern und in Ihrem persönlichen Auftreten. Dabei denke ich an Ihre Unternehmensfarben, Ihren Slogan, Ihren Expertenstatus und alle weiteren Details, die Ihre Marke ausmachen.

25. *Sprühen Sie vor Begeisterung und haben Sie Spaß*

Gute Laune, Begeisterung und Spaß sind ansteckend und anziehend! Wann hatten Sie denn Ihre letzte Begegnung mit einem schlecht gelaunten Menschen? Haben Sie Lust, geschweige denn Interesse bekommen, mit dieser Person näher in Kontakt zu kommen oder zu bleiben? Vermutlich nicht. Wir alle haben lieber mit einem positiv gestimmten Menschen Kontakt als mit einem Miesepeter! Also: Seien Sie gut gelaunt und noch dazu offen, neugierig und positiv! Sprühen Sie vor Begeisterung! So begegnen Ihnen täglich nicht nur viele Netzwerkgelegenheiten, sondern die Menschen erinnern sich auch gerne an Sie. Mit guter Laune hinterlassen Sie einen bleibenden Eindruck – meistens sogar weit mehr als nur mit einer hübschen Visitenkarte. Wer freundlich und fröhlich ist, der knüpft leichter neue Kontakte.

„Der Weg ist das Ziel"

Das ist meine Philosophie. Denn oft ist es ein langer Prozess, herauszufinden, was einem Spaß macht. Schon oft habe ich gehört: „Ja, ich würde mich gern selbstständig machen, weiß aber nicht mit was." Meine eindeutige Antwort lautet: „Machen Sie das, was Ihnen am meisten Spaß macht!" Das ist die beste Garantie dafür, dass Sie es durchziehen und durchhalten. Denn alles, was Spaß macht, geht leicht, und was leicht geht, macht Spaß. Nur ist es nicht ganz so einfach, das herauszufinden. Sie wissen ja, wir alle sehen oft den Wald vor lauter Bäumen nicht. Deshalb brauchen wir dazu den Blick von außen. Das kann eine Freundin sein, der Partner oder am besten ein professioneller Berater, Trainer oder Coach, der gemeinsam mit Ihnen erarbeitet, wofür Sie wirklich brennen. Einer meiner Coaches, Susanne Wendel, sagt immer: „Wenn du deinem Vorhaben auf einer Skala von 1 bis 10 nicht die volle Punktzahl 10 geben kannst, lass es sein, dann brennst du dafür nicht genug." Sie hat recht! Was du in anderen entzünden willst, muss in dir selbst brennen, sagte schon Augustinus. Wenn das, was Sie tun, Sie selbst schon nicht begeistert, wie soll dann der Funke auf andere überspringen? So ist es ein ständiger Kampf, um die eigene Miete bezahlen zu können – der wird Sie über kurz oder lang ermüden, und es kann sich kein langfristiger gro-

ßer Erfolg einstellen. Bedenken Sie: Ihr Gegenüber
spürt, ob Sie Ihre Arbeit lieben!
Also, wofür brennen Sie? Und verdienen Sie damit
schon Ihr Geld?

26. Ihre Visitenkarte prägt den ersten Eindruck von Ihrer Person

Jetzt werden Sie sagen: „Welche meinen Sie? Die übliche Papiervisitenkarte, meine Webseite, mein Xing-Profil, mein privates Facebook-Profil oder meine Unternehmensseite in Facebook?" Ich meine alles, was von Ihnen zuerst gesehen wird. Ihre Visitenkarte übergeben Sie ja meistens persönlich, dann hat Ihr Gegenüber einen Eindruck von Ihnen und sieht Ihre Karte, beides sollte gut harmonieren. Die Qualität Ihrer Visitenkarte sollte unbedingt die Ihrer Leistungen widerspiegeln. Je hochwertiger Ihr Produkt, ihre Dienstleistung oder je höher die Position des Jobs, für den Sie sich bewerben, desto hochwertiger sollte Ihre Visitenkarte sein.

Doch in unserer digitalen Welt kommt es oft gar nicht zu einer persönlichen Begegnung, sondern Ihr Kontakt „checkt" vorab Ihren Auftritt im Web. Ich sage Ihnen, wie ich es mache: Wenn ich zu Netzwerkevents gehe, schaue ich mir grundsätzlich vorab Gästelisten und Xing-Profile an, dann schon entscheide ich, mit wem ich unbedingt persönlich sprechen möchte. Wenn ich persönliche Termine oder Telefonate habe, checke ich grundsätzlich den Online-Auftritt vorab. Bitte achten Sie darauf, dass Ihr Gegenüber Sie im Web so wahrnimmt, wie Sie auch persönlich wahrgenommen werden möchten.

Und bitte haben Sie stets Visitenkarten dabei, da es Netzwerke überall gibt. Noch ein Tipp für Frauen: Füllen Sie am besten in jede Ihrer Handtaschen einen kleinen Vorrat, denn oft höre ich: „Ach, ich habe gerade die Tasche gewechselt und keine Karte dabei."

27. Kleine Geschenke erhalten die Freundschaft

Kleinigkeiten, die Sie anderen überraschend zukommen lassen, werden Sie von der Masse abheben. Ich bin der Meinung, wenn Sie schon Empfehlungen ausgesprochen bekommen, sollten Sie unbedingt den Empfehlungsgeber auf dem Laufenden halten, was daraus wird und sich für die Empfehlung revanchieren. Wenn daraus für Sie ein erfolgreiches Business entsteht, Sie den Job Ihrer Träume finden oder was auch immer, empfehle ich Ihnen, sich mit einer kleinen Aufmerksamkeit bei Ihrem Empfehlungsgeber zu bedanken. Dabei geht es weniger um den Wert, es geht um Wertschätzung und auch wieder darum, sich bei Ihrem Empfehlungsgeber in Erinnerung zu rufen. Denn Sie werden feststellen, wer Sie einmal empfiehlt, empfiehlt Sie wieder, denn er ist von Ihnen begeistert.

28. Netzwerken Sie nach Biorhythmus

Jeder von uns hat einen anderen Biorhythmus. Wissen Sie, welcher Typ Sie sind? Eher eine Lerche, also ein Morgenmensch, oder eine Nachteule? Bei jedem von uns verläuft die Leistungskurve anders.

Ich bin ein totaler Abendmensch und richte meine Aktivitäten sowohl im Business als auch im Privaten – ebenso auch mein Netzwerken! – danach. Nicht von ungefähr gibt es verschiedene Arten und Angebote von Netzwerkveranstaltungen. Business-Frühstücks-Netzwerke, Nachmittags-Veranstaltungen und abendliche Events. Für mich persönlich funktionieren die Letzteren beiden besser.

Wenn Sie sich nicht sicher sind, probieren Sie einfach alles aus und finden Sie heraus, was am besten für Sie passt.

Wenn Ihnen etwas nicht zusagt, kann es auf Dauer sehr anstrengend werden. Netzwerken ist langfristig zu sehen und geht nicht mit Druck oder gegen Ihre Natur. (Und eins ist klar: Nicht jeder wird ein Netzwerker werden.)

29. Netzwerken heißt beobachten und von den Erfolgreichen lernen

Von anderen zu lernen, trifft vor allem für Social Media zu. Dort können Sie täglich beobachten, was Ihre Kontakte, Kunden, Empfehlungsgeber machen. Wie können Sie sich einbringen, welche Projekte und Menschen könnten zusammenpassen, welche Events besuchen Ihre Kontakte, welche Verbindungen haben sie, wen oder was wollten Sie vielleicht schon immer einmal kennenlernen? Betrachten Sie Social-Media-Netzwerke wie eine Tageszeitung, in der steht, was die Menschen heute machen, mit denen Sie zusammenarbeiten oder die Sie gern als Kunden oder Auftraggeber hätten. Genauso können Sie sehen, wer wann im Urlaub ist und welche Vorlieben und Hobbys der Betreffende hat. So kann auch die Wahl Ihres nächsten Präsents zielgenauer werden. Bei Netzwerkevents trifft das natürlich ebenfalls zu. Wenn Sie neu sind, beobachten Sie, was die anderen machen und was auch zu Ihnen passt. Übernehmen Sie nur Dinge, die authentisch für Sie sind.

30. Sie müssen erst säen, ehe Sie ernten können!

Netzwerken bringt nur langfristig Erfolg. Es gilt die Devise: Erst säen, dann ernten. Dieselbe Zeitspanne, die in der Natur liegt, brauchen in etwa auch Ihre Netzwerkaktivitäten, um

Früchte zu tragen. Bauen Sie Netzwerke auf, *bevor* Sie diese brauchen. Nicht erst, wenn es schon brennt und Sie dringend neue Kontakte, Aufträge und Kunden suchen! Bauen Sie vor. Netzwerke sind keine Auftragsvergabeplattform. Geschäfte werden von Mensch zu Mensch gemacht, und es bedarf der Eigeninitiative, des Engagements, der Zeit und des Feingefühls, damit aus einer einmaligen Begegnung eine tiefere Verbindung und schließlich ein Auftrag entstehen kann. Geben Sie sich und Ihrem Gegenüber diese Zeit! Und vor allem: Bleiben Sie langfristig dran. Eintagsfliegen sind schnell vergessen! Sie wissen ja: Einmal ist keinmal.

Von der Auftragshascherei …

Als mein größtes persönliches Fettnäpfchen erkenne ich aus heutiger Sicht an, dass ich von der Philosophie des professionellen Netzwerkens keine Ahnung hatte, als ich 2007 damit begann, meine ersten Netzwerkveranstaltungen zu besuchen. Mir war damals überhaupt nicht klar, dass Netzwerken keine Auftragsvergabeplattform ist. Ich hatte nichts weiter im Kopf, als dadurch Kunden zu finden. Selbst etwas für andere tun zu können, kam mir gar nicht in den Sinn, schließlich brauchte ich dringend Geld. Mit mehr Glück als Verstand landete ich mit dieser Einstellung sogar einen Treffer: Meinen ersten Mandanten für die Finanzberatung fand ich bei einem Existenzgründerseminar, welches ich damals besuchte. Ich war dort nicht etwa hingegangen, um etwas über Selbstständigkeit zu lernen, sondern einzig mit dem Ziel, neue Mandanten zu finden. Inzwischen weiß ich: „Gib dich nie mit einer kurzfristigen Lösung für ein langfristiges Problem zufrieden." Wesentlich besser, als dort einen einzel-

nen neuen Mandanten zu finden, wäre es gewesen,
wenn mich jeder Teilnehmer des Seminars weiterempfohlen hätte! *Stellen Sie deshalb nicht in den*
Vordergrund, direkt an Ihre Netzwerkpartner zu
verkaufen. Wenn sich direkt bei einem solchen Event
tatsächlich ein Auftrag ergibt, ist das natürlich wun-
derbar, aber viel größere Möglichkeiten sehe ich per-
sönlich in den Empfehlungen.

31. Geben kommt vor Nehmen

Schon in der Bibel kommt es vor, und es ist für mich auch
das Wichtigste beim Netzwerken: Es geht nicht darum, was
ich brauche, sondern was ich für die anderen tun kann. Und
ganz ehrlich, die meisten netzwerken, weil es irgendeinen
Mangel gibt. Ist ja richtig, Ihr Netzwerk wird für Sie da sein,
doch wenn Sie Netzwerken nicht leben und nicht bereit sind,
für andere etwas zu tun, wird es auch dann, wenn Sie etwas
brauchen, nicht funktionieren.

Damit meine ich, dass Sie unbedingt wissen sollten, dass
es nicht immer darum geht, dass das Konto eins zu eins ausge-
glichen ist, so nach dem Motto: Gleiches wird mit Gleichem
vergolten. Netzwerken heißt vielmehr, etwas zu tun, ohne
auf direktem Wege zu profitieren. Sie werden profitieren,
aber der Return kann aus ganz anderen Netzwerkarmen zu
Ihnen zurückkommen! Haben Sie Vertrauen.

32. Netzwerken ist nicht hart arbeiten!

Diesen Gedanken möchte ich Ihnen mit auf Ihren Weg
geben. Genießen Sie das Netzwerken! Es muss nicht anstrengend sein, es darf auch Spaß machen! Was mögen Sie selbst

gerne? Abenteuer? Luxus? Suchen Sie sich Veranstaltungen heraus, die Ihnen selbst ein besonderes Extra bieten. Sie mögen schicke Designer-Hotels? Dann gehen Sie auf Events, die dort stattfinden! Wenn Sie die Kombination aus Privat und Business mögen – ich persönlich liebe es, beides zu verbinden! – dann nutzen Sie Ihre privaten Anlässe. Auch auf Partys lässt sich herrlich netzwerken. Wer sagt, dass es immer eine Business-Lounge oder ein Geschäftsessen sein muss? Wenn Sie mehr Events finden möchten, die zu Ihnen passen, dann fragen Sie Ihre Kontakte oder recherchieren Sie im Web.

Wenn Sie die folgenden drei goldenen Regeln beherzigen, kann Ihr Tun für Sie nur in Erfolg münden:

- klare Zielsetzung
- Präsenz (online und persönlich)
- Vorleistung

Bitte achten Sie darauf, dass Sie bei Veranstaltungen nicht den Eindruck erwecken, nur auf Kundensuche zu sein. Dann werden Sie als Gesprächspartner eher gemieden, denn alle haben die Befürchtung, sie müssten etwas bei Ihnen kaufen.

33. Bleiben Sie bis zum Schluss

Wie bereits an anderer Stelle in diesem Buch erwähnt, empfehle ich Ihnen: Bleiben Sie immer bis zum Schluss und gehen Sie als Letzte(r). Oft ist es der „harte Kern", der dann noch bleibt, und Sie können sehr intensive und individuelle Gespräche führen. Bei Netzwerkevents mit Männern und Frauen erlebe ich häufig, dass die Männer schon an der Bar sind, bevor der offizielle Teil zu Ende ist. Während die Frauen gleich danach „heimrennen". Meine Einstellung ist: Ob Sie 60 Minuten eher nach Hause kommen oder später, das ändert nichts, aber die Netzwerkergebnisse können sich in diesen 60 Minuten entscheidend ändern. Also planen Sie bitte auch für diesen Schlussteil immer Zeit mit ein, es wird garantiert Früchte tragen und sich lohnen.

Diese Liste an Erfolgstipps lässt sich noch lange weiterführen, denn ich mache jeden Tag neue Erfahrungen mit dem Netzwerken. Sie werden feststellen, dass es Ihnen sicherlich bald ganz ähnlich geht, wenn Sie mit der praktischen Umsetzung loslegen.

Wählen Sie doch gleich jetzt ein Event aus, an dem Sie innerhalb der nächsten vier Wochen teilnehmen möchten und für das Sie sich vornehmen, Ihre Lieblings-Erfolgstipps aus diesem Kapitel umzusetzen. Und vergessen Sie nicht: Haben Sie gute Laune, Spaß und genießen Sie alles, was Sie erleben!

Die 10 No-Gos für Netzwerker auf einen Blick

1. erst netzwerken, „wenn der Arsch brennt": Netzwerken mit der reinen Absicht, Aufträge zu jagen
2. Egoismus: etwas haben wollen, statt etwas zu geben
3. Bauchladenstrategie: durch ein unklares Überangebot verwirren
4. Netzwerken ohne Vorbereitung (Elevator Pitch nicht geübt, keine Visitenkarten dabei etc.)
5. zu viel reden und nicht zuhören
6. mit der Tür ins Haus fallen. Lieber erst eine Beziehung aufbauen, bevor Sie Ihren Service anbieten oder eine Empfehlung einfordern!
7. schlechte Laune und Pessimismus verbreiten
8. veraltetes Profil und unpassende Fotos im Netz
9. Visitenkarten schlampig (schmutzig oder geknickt)
10. unpassendes, ungepflegtes Outfit

Social Media – Ihre ersten Schritte beim virtuellen Netzwerken

Sie sind schon ein(e) Netzwerker(in) im realen Leben und möchten nun auch in das virtuelle Netzwerken eintauchen? Eine Auswahl von Plattformen bekommen Sie durch die Interviews in diesem Buch. So können Sie sich ein Bild machen, welche Plattform am besten für welche Ansprüche und Erwartungen passt. Denn wenn Ihnen die Kommunikationsart nicht zusagt, dient die Plattform Ihnen und Ihrem Erfolg nicht. Tauschen Sie sich mit anderen aus und lassen Sie sich eine Plattform empfehlen. Vielleicht kann Sie der Empfehlungsgeber auch bei Ihren ersten Schritten unterstützen? Bei meinen ersten Schritten in Xing hat mich eine Freundin unterstützt und meine Tochter hat anfänglich mein Profil in Facebook betreut, bis ich mich damit angefreundet habe.

Zur Kommunikation möchte ich noch erwähnen: In Xing werden Kontakte erst mal gesiezt und in Facebook geduzt. Wenn das mit dem Du gar nicht Ihr Ding ist, können Sie das bei der Auswahl der passenden Plattform gleich beachten.

Wenn Sie sich für eine Plattform entschieden haben, legen Sie erst mal Ihr Profil mit einem professionellen Foto an. In Xing ist das sehr wichtig! In Facebook kann das Foto zwar etwas privater sein, doch wenn Sie diese Plattformen für Ihr Business und Ihre Geschäftskontakte nutzen, sollten Sie dort unbedingt ein professionelles Foto einstellen. Selbst wenn Sie sagen, „Ich will das ja nur privat nutzen", Sie wissen ja nicht, wer sich Ihr Profil anschaut. Eventuell Ihr neuer Arbeitgeber, bei dem Sie sich gerade bewerben? Oder Ihr Kunde, den Sie gern gewinnen möchten? Deshalb: Vorsicht mit „unpassenden" und zu privaten Fotos.

Bei Ihren Profil-Angaben gilt: Weniger ist mehr! Schreiben Sie nicht ellenlange Texte, denn diese werden sowieso nicht gelesen. Im zweiten Schritt gilt es, Kontakte aufzubauen. Wer kann das sein? Zuerst könnten Sie Freunde und Bekannte nehmen, die Sie aus Ihrem persönlichen Kontaktkreis haben. Machen Sie Ihre persönlichen Kontakte zu Ihren virtuellen Freunden. Sie werden feststellen, nicht jeder ist in Facebook, nicht jeder in Xing. Es kommt natürlich auch auf Ihren persönlichen Kontaktkreis an. Wenn Sie Handwerker sind, werden Sie in Xing wenige finden, wenn Sie Coach sind, eher. Bei Facebook sind einige Menschen auch mit einem Pseudonym registriert, dann funktioniert natürlich die Suche nach dem reellen Namen nicht.

Wenn Sie nun Ihren persönlichen Kontaktkreis erfolgreich mit Ihrem Profil verknüpft haben, geht es um den weiteren Ausbau – und dafür gibt es unterschiedliche Wege.

1. Beobachten Sie, was Ihre Kontakte und Freunde machen. Mit wem vernetzen diese sich? Vielleicht könnte dieser Kontakt auch für Sie spannend sein!

2. Sollten Sie Anfragen bekommen, vernetzen Sie sich wertungsfrei. Auch wenn Sie die Person nicht kennen, nehmen Sie die Anfrage erst mal an. Sie wissen ja nie, wofür es gut ist. Wichtig: Falls das Profil unseriös wirkt, lehnen Sie die Anfrage ab!

3. Wenn Sie in Aktion gehen und Kontaktanfragen versenden möchten, was ich Ihnen auch empfehle, dann schließen Sie bei Xing unbedingt eine Premiummitgliedschaft ab. Nur so können Sie die erweiterte Suche nutzen.

„Wonach soll ich denn suchen?", werden Sie sich jetzt womöglich fragen. Nun, das hängt ganz von Ihrem Ziel ab. Wenn Sie zum Beispiel in Stuttgart leben und selbstständig tätig sind, dann könnte es Sinn machen, sich mit allen Selbstständigen, die in Stuttgart leben und/oder arbeiten, zu vernetzen. Wie Sie gelesen haben, bedarf es einer Beziehungsebene, und in dem Fall hätten Sie schon zwei Gemeinsamkeiten: Selbstständigkeit und Ort.

Sie leben in München und gehen unglaublich gern zum Bergwandern? Dann könnten Sie sich mit Menschen verbinden, die dieses Interesse teilen. Sehr gut geeignet sind dafür die sogenannten „Gruppen", die bereits zahlreiche Menschen mit einem bestimmten Interesse versammeln.

Eine weitere Gemeinsamkeit könnten beispielsweise sein: Sie sind beide Hundeliebhaber. Schauen Sie sich das Profil des Kontaktes genau an, eventuell haben Sie ja für seine oder ihre Dienstleistung eine Empfehlung?

In Facebook funktioniert die Suche nur bedingt. Sie können aber zumindest nach Personen (Namen) suchen, die Sie kennen, und in der Suchleiste die Stadt eingeben, in der Sie leben. Schreiben Sie selbst Statusmeldungen und beobachten Sie einfach, was passiert. Fragen sind immer gut, denn dann entsteht Kommunikation. Beobachten und lesen Sie die Postings Ihrer Kontakte, kommentieren Sie deren Meldungen. Teilen Sie interessante Informationen, Links, Fotos. Als oberste Regel gilt: Bitte nie andere angreifen oder beleidigen!

Bei Kontaktanfragen beachten Sie bitte: Bleiben Sie authentisch, aber verschicken Sie keine langweiligen Standardtexte. Nutzen Sie auf jeden Fall die persönliche Anrede mit Nachnamen. Wenn Sie mit Texten arbeiten, die Sie mit „Copy & Paste" für alle verwenden, dann bitte nicht vergessen, die Anrede (den Namen!) zu ändern. Für die ersten 500 Kontakte kann ich Ihnen definitiv nicht zum Kopieren raten. Schauen Sie sich die einzelnen Profile Ihrer neuen Kontakte wirklich genau an, mit denen Sie sich vernetzen möchten, und gehen Sie am besten in Ihrer persönlichen Nachricht auf interessante Punkte aus dem Profil ein. Das können private Interessen sein, oder was Ihr Kontakt in seinem Profil bei Suche stehen hat.

In Facebook läuft das ein bisschen anders, dort klicken Sie „Freundschaftsanfrage senden" und können keine Nachricht mitsenden. Am Anfang empfehle ich, separat eine

Nachricht mitzusenden. Es kann aber trotzdem passieren, dass die Freundschaftsanfrage abgelehnt wird, bevor die Nachricht überhaupt geöffnet wird.

Nicht jeder wird Ihre Kontakt- oder Freundschaftsanfrage bestätigen. Das kann unterschiedliche Gründe haben. Zum Beispiel, weil jemand die Strategie hat, sich nur mit Menschen zu vernetzen, die er schon kennt und Sie sich nicht kennen. Es gibt auch Menschen, die schauen nur einmal im Monat oder gar nicht in ihr Profil. Also nehmen Sie es nicht persönlich. Machen Sie einfach weiter! Und falls Sie das ganze Social Media-Thema überfordert, überlegen Sie sich doch, ob Sie sich nicht eine Expertin buchen, die Sie individuell unterstützt. Denn egal, was auch immer Sie tun wollen, es muss zu Ihnen passen, sonst werden Sie es nicht lange durchhalten.

Erste Schritte in Social Media-Plattformen

1. Legen Sie Ihr Profil an.
2. Machen Sie sich mit den Funktionen der Plattform vertraut.
3. Prüfen Sie die Einstellungen (besonders wichtig für den Datenschutz!).
4. Wenn Sie eine Seite beruflich nutzen, unbedingt ein Impressum einstellen!
5. Schreiben Sie Ihre Profiltexte. Weniger ist mehr!
6. Laden Sie nur professionelle Fotos hoch.
7. Beobachten und lesen Sie die Postings Ihrer Kontakte.
8. Werden Sie aktiv. Schreiben Sie eigene Statusmeldungen.

9. Bauen Sie regelmäßig Ihre Kontakte aus.

10. Treten Sie Gruppen bei.

11. Verfassen Sie eigene Beiträge in Gruppen.

12. Kommunizieren Sie Ihrem Netzwerk, was Sie brauchen und suchen.

13. Kommentieren Sie Meldungen, wenn Sie etwas dazu zu sagen haben.

14. Liken Sie, wenn Ihnen etwas wirklich gefällt.

15. Teilen und empfehlen Sie – Kontakte und Postings!

Erfolgreiche Kommunikation in Social Media

Social Media lebt von Kommunikation. Vergessen Sie auch später nicht, dass Social Media bedeutet, miteinander ins Gespräch zu kommen. Es ist nicht in erster Linie eine Werbe-, Verkaufs- oder Auftragsvergabe-Plattform. Das wird nur funktionieren, wenn Sie vorher mit Ihren Freunden, Fans, Kontakten und Followern kommunizieren.

Zur richtigen Zeit

Was ich in den letzten Jahren lernen durfte, ist, dass es nicht egal ist, wann Ihr Beitrag in den verschiedenen Plattformen erscheint. Verglichen mit dem persönlichen Netzwerken: Sie gehen ja auch lieber zu Events, auf denen viele Menschen sind, denn dann ist die Wahrscheinlichkeit größer, dass welche für Sie dabei sind. Ganz ähnlich ist es im Internet. Ihre Beiträge sollten ganz gezielt online erscheinen, wenn Ihre Fans online sind. Denn es macht ja keinen Sinn, etwas zu posten, wenn es keiner liest. Nun ist es so, dass nicht jede Plattform verrät, dass Sie – genau wie bei Facebook – Statistiken bekommen und feststellen können, wann Ihre Freunde online sind. Ideal ist, wenn Sie Ihre Kontakte einfach fragen und außerdem beobachten, welcher Post zu welcher Uhrzeit wie viele Reaktionen bekommt.

Weniger ist mehr

Diesen Spruch beziehe ich in erster Linie auf Text! Im Zuge der heutigen Informationsflut lesen wir alle keine ellenlangen Texte mehr. Aus diesem Grund empfehle ich Ihnen, kurze, knackige Texte, und wenn es die Plattformen hergeben, nutzen Sie Videos, Podcasts, Bilder und Links, um mit Ihren Usern zu kommunizieren.

Die 3 wichtigsten Erfolgsregeln für Social Media
1. Wie oft sollten Sie posten?

Ich höre immer wieder: „Ich möchte meine Freunde, Fans, Kontakte nicht nerven, deshalb finde ich, dass ein Beitrag pro Woche reicht." Diese Meinung teile ich *nicht*, denn es muss ja nicht jeder Kontakt alle Ihre Beiträge lesen. Finden Sie Ihren eigenen Rhythmus, Sie werden es nicht allen recht machen können – und das müssen Sie auch nicht.

Beobachten Sie, wann Ihre Kontakte auf Xing, Twitter und Facebook online sind (wann wird am meisten kommentiert, geteilt etc.?) und richten Sie Ihre Social Media-Aktivitäten danach aus. In Facebook-Unternehmerseiten können Sie das mittels der Statistiken in Ihrem Profil ganz einfach herausfinden. Ich persönlich poste täglich – oftmals sogar mehrfach, also verschiedene Dinge, Impulse, Tipps. Denn meine Kontakte sind, wie ich auch, fast immer online. Montagvormittag heißt es, sei generell ein guter Tag. Ich selbst habe auch sehr gute Erfahrungen mit Sonntagabend gemacht.

2. Beobachten ist gut – Interaktion besser

Ihr Erfolg im Social Web steht und fällt mit Ihrer Aktivität. Denn wenn Sie immer nur passiv sind, werden Sie nicht wahrgenommen. Deshalb geben Sie Ihr Like, wo es passt und ehrlich ist, und kommentieren Sie die Veröffentlichungen anderer.

Bleiben Sie dabei stets authentisch und erlauben Sie sich, Ihre ehrliche Meinung zu kommunizieren. Macher schwimmen nicht mit dem Strom.

3. Was zahlt auf Ihren Expertenstatus ein?

Bei allen Ihren Aktivitäten, Ihren eigenen Beiträgen und Kommentaren schreiben Sie hauptsächlich Beiträge, die auf Ihren Expertenstatus einzahlen. Damit meine ich: Texte mit Informationen, die Ihr Wissen und Ihre Expertise vermitteln. Professionelle Postings, keine Privatbeiträge! Zeigen Sie, wer Sie sind, was Sie machen, was Sie wissen und wen Sie kennen. Wann Sie sich die Zähne mit welcher Zahnpasta putzen, interessiert wirklich niemanden!

Tipps des erfahrenen Netzwerkers –
Hermann Scherer im Interview

Über Hermann Scherer schreibt die Süddeutsche Zeitung: „Er zählt zu den Besten seines Faches." Da ich gerne von den Erfolgreichsten lerne, bin ich begeistert, dass Hermann Scherer sich für dieses Interview in meinem Buch Zeit genommen hat.

Fotocredit: Anja Wechsler

1. Wo und wie netzwerken Sie am liebsten?

Netzwerken ist keine Tätigkeit, die man irgendwann, irgendwo macht. Netzwerken ist eine Geisteshaltung. Dabei geht es nicht darum, sich zu einem Kaffee zu treffen und über mehr oder weniger potenzielle Möglichkeiten einer oft wenig fruchtbaren Zusammenarbeit zu sprechen. Viele Menschen vertrödeln ihr halbes Leben auf Veranstaltungen, Verabredungen und Meetings, weil sie glauben, dort irgendwelche Menschen kennenzulernen, von denen sie sich das erhoffen, was sie selbst nicht leisten können. Networking ist das kreative Zusammenbringen von Personen, Ideen und Ressourcen, die Synergien erzeugen. Diese Höchstleistung kann durch eine E-Mail oder ein Telefonat stattfinden und benötigt für eine wirkungsvolle Umsetzung wenig Zeit. Doch die Haltung dahinter, solche Ideen zu entwickeln, die bedarf einer ganztägigen Aufmerksamkeit.

2. Welches ist Ihre erfolgreichste Netzwerkstory, die Sie persönlich, beruflich oder privat weitergebracht hat?

Nun, einer der sichtbarsten Netzwerkerfolge war sicherlich das Event mit Bill Clinton und den Klitschko-Brüdern, die ich als erster Deutscher in Deutschland veranstalten durfte. Doch genauso sind es die vielen Unternehmen, die sich durch eine intelligente Vernetzung von Ideen und Ressourcen weiterentwickeln und dadurch zum Marktführer geworden sind.

3. Welche 5 Profitipps zum Thema Netzwerken geben Sie meinen Lesern mit?

1. Networking punktet durch die Abwahl von Möglichkeiten und der damit verbundenen Fokussierung auf das Wesentliche – und nicht durch Treffen ohne Ziel und Fokus.
2. Verbringen Sie bei Veranstaltungen zwei Drittel der Zeit mit Unbekannten.
3. Seien Sie vorbereitet! Sie sollten vorher wissen, was Sie wollen.
4. Pflegen Sie Adressen und die Menschen dahinter, denn eine Beziehung, die nicht analog gepflegt wird, virtualisiert sich in die Bedeutungslosigkeit.
5. Jeder Mensch weiß Dinge, die Sie selbst noch nicht wissen.

www.hermannscherer.com

KAPITEL 4
Das schier endlose Universum der Netzwerk-Möglichkeiten

Netzwerken können Sie immer und überall. Zusätzlich macht es Sinn, bestehende Netzwerkorganisationen kennenzulernen und deren Events einmal mitzuerleben, um eine passende Plattform für sich selbst zu finden. Damit Ihnen dies noch leichter und schneller gelingt, werde ich Ihnen in diesem Kapitel einige wesentliche Netzwerk-Möglichkeiten vorstellen. Ich habe die meiner Meinung nach besten und effektivsten für Sie ausgewählt. Die Reihenfolge, in der sie hier genannt und präsentiert werden, hat dabei keinerlei Bedeutung oder Wertung. Sollte ich womöglich wichtige vergessen haben, sehen Sie es mir nach und ergänzen Sie die Liste beliebig! Ich selbst bin dafür, dass Netzwerke untereinander auch miteinander netzwerken, denn ich stehe für Kooperation und habe kein Konkurrenzdenken. Wo kämen wir denn hin mit dem Netzwerken, wenn schon die Netzwerke untereinander sich als Konkurrenten verstehen? Nirgendwohin oder zumindest nicht so weit, als wenn wir kooperieren. Netzwerke sollten das Netzwerken vorleben.

Da es optimal ist, das persönliche mit dem virtuellen Netzwerken zu verknüpfen, wird es auf den nächsten Seiten auch um eine Auswahl an Social Media-Plattformen gehen, zu denen ich einige Top-Experten befragt habe.

Welche Netzwerkorganisation passt zu mir?

Um herauszufinden, welche Netzwerkorganisation zu Ihnen passt, ist es sehr wichtig, dass Sie herausfinden, was Ihre Motivation ist, sich einer solchen anzuschließen. Warum wollen Sie sich einer Organisation anschließen? Welche Erwartungen haben Sie an die Organisation? Welche Ziele sollen die Menschen in diesem Netzwerk haben? Denn schließlich sollten diese ja mit Ihren persönlichen Zielen übereinstimmen. Das ist Ihnen jetzt noch zu theoretisch? Ich gebe Ihnen gerne einige Beispiele.

Nehmen wir einmal an, Sie schließen sich einem Branchennetzwerk wie zum Beispiel dem Ingenieurinnen-Netzwerk an. Dann ist von vornherein klar, dass Sie dort nur Ingenieurinnen treffen werden, das heißt Frauen, die diesen Beruf ausüben oder in der Branche arbeiten. Das bedeutet für Sie, Sie können sich hier wunderbar mit Expertinnen aus dem Bereich Ingenieurwesen austauschen und es können sich Kooperationen für gemeinsame Projekte entwickeln.

Bei *W.I.N Women in Network*, unserer Netzwerkorganisation, werden Sie ausschließlich Frauen treffen, die selbstständig sind, aber aus sämtlichen Branchen. Somit können Sie sich von Unternehmerin zu Unternehmerin austauschen und es können Kooperationen entstehen. Zum Beispiel als Stilberaterin mit einer Fotografin und einer Visagistin. Oder als Werbeagentur mit einer Texterin oder Social Media-Expertin. Oder als Hochzeitsplanerin mit der

Besitzerin eines Blumengeschäfts oder Restaurants sowie mit einer Eventmanagerin oder Location-Besitzerin. Großer Vorteil meines Netzwerks ist, dass es nicht nur regional, sondern überregional tätig ist, und Sie so die Möglichkeit haben, Ihr persönliches Netzwerk überregional zu erweitern.

Es gibt heute fast in jedem größeren Unternehmen ein firmeninternes Netzwerk (siehe Bosch, Telekom, Eon, Random House u.v.m. ...). Dabei zu sein und sich zu engagieren, macht absolut Sinn! So haben Sie kleinere Dienstwege und kommen wesentlich schneller an Informationen aus dem Unternehmen.

Business Network International (BNI) ist ein internationales Businessnetzwerk für Unternehmer beider Geschlechter auf der ganzen Welt. Wenn Sie im Ausland sind, haben Sie dadurch gleich Anschluss und Ansprechpartner vor Ort. Auch hier wird großen Wert auf interne Empfehlungen gelegt! Wobei Sie diesen Service nur dann in Anspruch nehmen können, wenn Sie Mitglied bei BNI sind. Das Netzwerk besteht aus diversen Chaptern (in den Großstädten sind es sogar mehrere!), in denen jeweils aus jeder Branche nur ein Mitglied aufgenommen wird. Das erhöht natürlich die Chance auf eine Weiterempfehlung, erschwert aber andererseits natürlich den Einstieg und die Aufnahme.

Was bedeutet das für Sie?

Bevor Sie sich einer Netzwerkorganisation anschließen, legen Sie Ihre eigenen Netzwerkziele und Ihre Erwartungshaltung fest. Dann prüfen Sie verschiedene Netzwerkorganisationen, ob diese wirklich zu Ihnen passen und Ihren eigenen Ansprüchen gerecht werden. Wenn Sie dabei ein gutes Gefühl haben, schließen Sie sich einfach an, machen Sie mit und probieren Sie es aus! Legen Sie für sich selbst am besten gleich ein bestimmtes Zeitfenster fest und prüfen Sie dann, ob sich Ihre Erwartungen erfüllen. Das Schöne ist, Sie können ja parallel in mehreren Netzwerken aktiv sein. Das empfehle ich Ihnen sogar! Denn es ist sehr förderlich – vorausgesetzt zwischen den einzelnen Organisationen herrscht kein Konkurrenzdenken!

Welche Vorteile hat es, sich einer Netzwerkorganisation anzuschließen?

Ein entscheidender Vorteil kann sein, dass Sie in Ihre Netzwerkaktivitäten eine gewisse Regelmäßigkeit bringen und dadurch ganz natürlich immer neue Kontakte bekommen. Wenn Sie sorgfältig ausgewählt haben, wird es so sein, dass die Netzwerkorganisation zu Ihren eigenen Zielen passt und Sie dort genau die Menschen treffen, die Sie weiterbringen – durch den Austausch und die aktive Empfehlung.

Wenn Sie sich Netzwerkorganisationen anschließen, zeigt das eine gewisse Verbindlichkeit und dass Sie es ernst meinen. Vielleicht kennen Sie – ebenso wie ich – die sogenannten „Netzwerkspringer", die gern überall sind, sich aber nirgends verpflichten möchten. Das, kann ich Ihnen gleich sagen, ist vergebene Liebesmühe, also lassen Sie es lieber bleiben. So bringt Netzwerken nichts! Entscheiden Sie sich und legen Sie sich fest, nur so werden Sie langfristig wahrgenommen werden. Vor allem bedarf es des Vertrauens von anderen und das können Sie nur mit Ausdauer, Kontinuität und persönlicher Präsenz aufbauen.

Checkliste: So finden Sie die richtige Netzwerkorganisation

Stellen Sie sich die folgenden Fragen:

1. Suche ich ein Branchennetzwerk?

2. Soll es ein firmeninternes Netzwerk sein?

3. Wenn Sie bereits in mehreren Netzwerken sind: Ergänzt das neue Ihr Portfolio? Schaffen Sie das zeitlich überhaupt noch?

4. Soll das Netzwerk regional, national oder international sein?

5. Was erwarten Sie von dem Netzwerk?

6. Was erwartet das Netzwerk von Ihnen?

7. Was sind Sie bereit, einzubringen?

8. Was sind Ihre Ziele und Werte? Werden diese dort gelebt?

9. Welche Zielgruppe und Kontakte treffen Sie dort?

10. Gibt es Regeln und passen diese zu Ihnen?

11. Sind Ihnen die Organisatoren und Mitglieder sympathisch?

12. Passt der Termin (Tag, Uhrzeit) in Ihren Alltag?

13. Suchen Sie ein gemischtes oder ein reines Frauen- bzw. Männer-Netzwerk?

Die relevantesten Netzwerkorganisationen im Überblick

In jeder Region gibt es regionale Netzwerke, und für (fast) jede Branche gibt es eigene Netzwerkorganisationen, Verbände (Wirtschafts-, Interessen- und Berufsverbände) und/oder Vereine. Ich möchte Ihnen einige kurz vorstellen.

Reine Frauennetzwerke

- EWMD – European Women's Management Development International Network
  Internationales Netzwerk für Frauen in Führungspositionen in 40 Ländern mit sieben Regionalgruppen in Deutschland mit dem Ziel der Förderung von Frauen in Führungspositionen für die Balance zwischen dem privaten und beruflichen Leben.
  www.ewmd.org
- PWN – Professional Womens Network
  Englischsprachiges Netzwerk für Frauen vieler unterschiedlicher Nationalitäten. Das Netzwerk unterstützt Frauen in Führungspositionen in der Wirtschaft und fördert die Weiterbildung und den Austausch.
  http://pwnmunich.net
- BPW Germany – Business and Professional Women – Germany e.V.
  Ist ein weltweites Netzwerk berufstätige Frauen aus verschiedenen Branchen und fördert die Weiterbildung und die Durchsetzung der Interessen von Frauen.
  www.bpw-germany.de
  in Österreich: www.bpw.at
- GWEN – The Global Womens Empowerment Network
  Unterstützt Frauen weltweit darin, ihre wahre Bestimmung zu finden und daraus erfolgreiches Business zu machen. (www.gwennetwork.org)

- B.F.B.M. – Bundesverband der Frau in Business und Management e.V.
  Dieses Netzwerk vereint selbstständige Frauen in Führungspositionen aus den unterschiedlichen Branchen und fördert diese bei der beruflichen und gesellschaftlichen Gleichberechtigung und Akzeptanz.
  www.bfbm.de
- FinV
  Vereint Frauen, für die die Werte Sinn, Offenheit, Vertrauen und Verantwortung im Vordergrund stehen. Es dient zum Kennenlernen, zur Synergien-Findung, zum gegenseitigen Unterstützen.
  www.finv.net
- FIM e.V.
  Ist eine bundesweite Vereinigung für Frauen im Management und Unternehmerinnen. Das Ziel ist, dass sich Frauen kennenlernen; die berufliche Entwicklung steht dabei im Vordergrund.
  www.fim.de
- Zonta International
  Weltweiter Zusammenschluss von berufstätigen Frauen mit dem Ziel, die eigene Lebenssituation im rechtlichen, politischen, wirtschaftlichen und beruflichen Bereich zu verbessern.
  www.zonta-union.de
- Webgrrls.de e.V.
  Bundesweites Netzwerk für Frauen der neuen Medien und neuer Technologien zur Förderung der beruflichen Weiterentwicklung.
  www.webgrrls.de
- Deutscher LandFrauenverband e.V.
  Dieser Verband vertritt bundesweit die Interessen aller Frauen und ihrer Familien im ländlichen Raum. Das Ziel ist die Verbesserung der sozialen, wirtschaftlichen und

rechtlichen Situation von Frauen sowie die Vereinbarkeit von Familie und Beruf.
www.landfrauen.info

- Feminessclub
Unterstützt Frauen, sich noch überzeugender und charismatischer zu präsentieren. Hier erfahren Sie alles zum Thema Eigenmarketing für Frauen.
www.feminess.eu

- Club alpha
Ein überparteilicher Frauenclub mit dem Schwerpunkt gesellschaftspolitische Bildung. Zielgruppe sind Frauen jeglichen Alters, die sich in der Gesellschaft engagieren wollen, nach dem Vorbild und in der Tradition Hildegard Burjans, der ersten christlichsozialen Abgeordneten im österreichischen Parlament. Zielsetzung ist, ein effektives Netzwerk für Frauen zu knüpfen, ohne Männer auszuschließen.
www.alphafrauen.org

- Frau in der Wirtschaft
Frau in der Wirtschaft bietet eine überparteiliche Plattform zum Kontakte-Knüpfen und Networken.
www.frauinderwirtschaft.at

Serviceclubs

- Rotary
Ist eine weltanschaulich nicht gebundene, überparteiliche Vereinigung über alle Grenzen hinweg für humanitäre Hilfe und zur Völkerverständigung.
www.rotary.de

- Lions Club International
Ein Club, der freundschaftliche Beziehungen zwischen den Völkern fördert und Mitmenschen in materieller

und seelischer Not beisteht. Voraussetzung, um in diesen Club aufgenommen zu werden, ist soziales Engagement. www.lions.de

Netzwerke für selbstständige Frauen, Freiberuflerinnen und Unternehmerinnen

- W.I.N Women in Network
  Das Unternehmerinnennetzwerk in Deutschland, Österreich und der Schweiz, das 2010 von Buchautorin Petra Polk und ihrer Geschäftspartnerin Algunda de Reuter in München gegründet wurde. Die Schwerpunkte sind die überregionale Vernetzung von Unternehmerinnen und Freiberuflerinnen, die Förderung von Kooperationen und dem Austausch auf gleicher Augenhöhe sowie ein Weiterbildungsprogramm speziell auf Unternehmerinnen zugeschnitten.
  www.win-community.de
- Frau im ÖGV (Österreichischer Gewerbeverein)
  Das Netzwerk dient der Unterstützung von Frauen im Business. Es setzt auf Kommunikation und Nachhaltigkeit und bietet kontinuierlich stattfindende Vorträge und Veranstaltungen.
  frau-im-ogv.at
- Verband deutscher Unternehmerinnen (VdU) e.V.
  Der größte Wirtschaftsverband, der die Interessen der Unternehmerinnen im Mittelstand vertritt. Mit dem Ziel der Förderung von Akzeptanz und Gleichberechtigung unternehmerisch tätiger Frauen in Deutschland.
  www.vdu.de
- Chefin Online
  Das größte Forum für Chefinnen und Frauen im Top-Management seit 1996 in Nord-Rhein-Westfahlen.
  www.chefin-online.de

*Gemischte Netzwerke für Unternehmer und
Unternehmerinnen*

- BNI
  Wurde in den USA von Ivan Misner gegründet und ist
  heute in über 50 Ländern. Hier geht es vorrangig darum,
  dass Unternehmer und Unternehmerinnen Empfehlungen
  austauschen und somit mehr Umsatz machen.
  www.bni.de
- BVMW
  Neutraler Unternehmerverband berufs- und bran-
  chenübergreifend für kleine und mittelständi-
  sche Unternehmen mit dem Ziel, die Kräfte des
  Mittelstandes zu bündeln und verbesserte wirtschaftli-
  che Rahmenbedingungen zu schaffen; der Verband be-
  treibt aktive Lobbyarbeit.
  www.bvmw.de
- BDS
  Bundesweiter Verband für Selbstständige des Mittelstandes mit dem Ziel, die Interessen des Mittelstandes
  zu vertreten und den Informationsaustausch unter den
  Unternehmern zu fördern.
  www.bds-dvg.de

Männernetzwerke

- Münchner Herrenclub e.V.
  Ein nobler Wirtschaftsclub, der als geschlossener Zirkel
  geführt wird. Es gibt einen strengen Dresscode und
  man kann nur aufgenommen werden, wenn man einen
  Bürgen hat. Die Themen drehen sich um Wirtschaft,
  Politik und Kultur.
  www.muenchner-herrenclub.de
- Männernetzwerk Dresden e.V.
  Entstand 2003 aus einer Stammtisch-Initiative zur

Förderung von Männer-Projekten und Einrichtungen der Männerarbeit.
www.maennernetzwerk-dresden.de

Zigarrenclubs

In vielen Städten gibt es Clubs, in denen sich Zigarrenliebhaber treffen, um gemeinsam dem Genuss zu frönen und Neues zu entdecken. Es werden gemeinsame Events organisiert.
www.zigarrenclub.org

Business- und Wirtschaftsclubs

- Businessclub Hamburg
  Ein privater Businessclub von der Handelskammer Hamburg gegründet, der eine Plattform für Wirtschaftsentscheider und Unternehmer bietet.
  www.bch.de
- Wirtschaftsclub Düsseldorf
  Eine Verbindung Düsseldorfer Unternehmer zur Verbindung von privaten und geschäftlichen Anlässen und zur Förderung von Geschäftsbeziehungen.
  www.wirtschaftsclubduesseldorf.de
- Wirtschaftsclub Rhein-Main e.V.
  Für Unternehmer und Führungskräfte zur Entwicklung marktnaher und wirtschaftlicher Konzepte. Der Club ist ein Ort für den politischen, wirtschaftlichen und philosophischen Austausch.
  www.wirtschaftsclub-rhein-main.de
- BusinessClub Bavaria
  Bringt Menschen zusammen, die gegenseitiges Vertrauen und Wertschätzung aufbauen möchten. Organisiert zahl-

reiche Veranstaltungen verschiedener Art sowie Business Dinner, Business Lunch, Vorträge sowie Workshops. www.business-club-bavaria.de

- Capitalclub Berlin
  Privater Businessclub, der sich als Forum für Führungspersönlichkeiten aus Politik, Wirtschaft und Kultur versteht.
  www.berlincapitalclub.de

- Wirtschaftsjunioren Deutschland
  Größtes Netzwerk für Menschen unter 40, die sich im Beruf engagieren und sich überregional und international mit anderen Geschäftsleuten vernetzen wollen. Ziel ist es, den Wirtschaftsstandort Deutschland weiterzuentwickeln und die Wettbewerbsfähigkeit zu sichern. Es geht um die Themen gesellschaftliche Veränderungen, Fachkräftemangel und tägliche Herausforderungen.
  www.wjd.de

- Wirtschaftssenioren
  Erfahrene Seniorberater geben ihr Wissen und ihre Erfahrungen an Gründer und Unternehmensnachfolger weiter.
  www.wirtschafts-senioren-beraten.de

Das war eine Auswahl an Plattformen, Organisationen und Clubs. Natürlich gibt es noch weit mehr als diejenigen, die ich hier für Sie zusammengestellt habe. Bleibt noch die Frage: Wie wählen Sie nun aus all den Angeboten jene aus, die am besten zu Ihnen passen? Nun, da die meisten für Gäste und Interessenten offen sind, nutzen Sie die Gelegenheit und nehmen Sie als Gastteilnehmer(in) teil. So können Sie die verschiedensten Möglichkeiten live erleben und ausprobieren – und herausfinden, welche Ihnen am besten gefällt, am meisten Spaß macht und Sie gleichzeitig beruflich weiterbringt. Bei einigen Clubs brauchen Sie eine persönliche Einladung und können nicht einfach so erscheinen. Nutzen Sie Social

Media, um herauszufinden, wer in diesem Club ist und Sie einladen oder mitnehmen könnte.

Vorbereitung für Ihr erstes Netzwerktreffen

Sie haben sich nun also eine Netzwerkorganisation und/ oder ein gezieltes Event herausgesucht und nun steht der besagte Besuch bevor. Um sich darauf vorzubereiten, an dieser Stelle nochmals meine wärmste Empfehlung (ich kann es nicht oft genug betonen): Schauen Sie sich die Gästeliste an. Wer wird teilnehmen? Wenn es ein Xing-Event ist, vernetzen Sie sich schon vorab über eine kurze Kontaktanfrage – mit dem Hinweis, dass Sie sich ja auf diesem Event treffen werden. Wenn Sie mutig sind, rufen Sie eine oder mehrere Personen von der Liste vor der Veranstaltung an und tauschen Sie sich vorab aus. Sie können natürlich auch den oder die Veranstalter kontaktieren, um genauer zu prüfen, ob der Event für Sie passt, und sich über den Ablauf und die Teilnehmerzahl zu informieren.

Bevor Sie nun zum Netzwerken aufbrechen, vergessen Sie nicht, auch sich selbst vorzubereiten – in Sachen Outfit, Vorstellung (Elevator Pitch), Visitenkarten. In der Vorbereitung liegt der halbe Erfolg! Freuen Sie sich darauf, neue Menschen zu treffen, interessante Gespräche zu führen, seien Sie neugierig und offen für das, was Sie erwartet und haben Sie Spaß … Netzwerken ist wie Radfahren-Lernen, wenn Sie es einmal können, verlernen Sie es nie, und der Erfolg kommt beim Tun!

Was gibt es während der Veranstaltung zu beachten?

Egal ob es Ihr erstes Mal ist oder Sie schon „alter Netzwerkhase" sind wie ich, es ist immer gut, sich noch mal in Erinnerung zu rufen, was es während der Veranstaltung zu beachten gilt. Natürlich ist das stark davon abhängig, um welche Art von Veranstaltung es sich handelt und wie der Rahmen ist. Ist der Event moderiert oder ist jeder seines eigenen Glückes Schmied? Als Newcomer tun Sie sich mit moderierten Abenden leichter, weil Sie durch den Ablauf geführt werden. Bei den Events, auf denen es weder Moderation noch Programm gibt, werden Sie selbst dafür sorgen müssen, mit anderen in Kontakt und ins Gespräch zu kommen. Mehr zum Thema „Small Talk" wird hier für Sie nützlich sein, siehe weiter vorne.

Wenn Sie auf der Veranstaltung sind, sprechen Sie im Idealfall nicht nur mit einer Person oder mit jenen, die Ihnen schon bekannt sind. Seien Sie in Ihren Gesprächen und Ihrem Auftreten respektvoll, dankbar, freundlich und nett! Das ist die wichtigste Grundregel. Die meisten Menschen wollen nämlich nur mit netten Menschen zu tun haben, das wird Ihnen selbst auch nicht anders gehen. Wenn der Event Stehtischcharakter hat, dann ist es auch leicht, sich einfach an einen Tisch dazuzustellen und erst einmal nur zuzuhören. Fragen Sie höflich, ob Sie sich dazugesellen dürfen und drängen Sie sich nicht in Vordergrund. Es wird während der Gespräche Momente geben, in denen Sie einhaken und sich äußern können. Nutzen Sie die Möglichkeit, den Stehtisch und die Gesprächspartner zu wechseln. Bei den meisten Netzwerkevents ist es sogar gewünscht, dass Sie die Tische wechseln, wenn es der Veranstalter nicht steuert, steuern Sie es selbst und entscheiden Sie selbst, wann für Sie die richtige Zeit ist, weitere Personen auf dem Event kennenzulernen. Verabschieden Sie sich nett aus der Runde, bedanken Sie sich für die interessanten Gespräche und kommunizieren Sie offen, dass Sie gern weitere Personen kennenlernen möchten. Was aber nicht zwingend erforderlich ist, denn eventuell sind ja so interessante Kontakte dabei, dass Sie die Gespräche gleich an dem Abend vertiefen möchten.

Wenn der Event an Tischen im Sitzen oder sogar bei einem Essen stattfindet, werden Sie sich damit etwas schwerer tun – es sei denn, es wird vom Veranstalter gefördert, dass zwischen den Gängen der Tisch gewechselt wird. Das nennt man „Rotating Dinner“. Bei einem Rotating Dinner wird bei jedem Gang des Menüs der Tisch gewechselt. So kann es sein, dass Sie bei jedem Gang neue Menschen kennenlernen, oder Sie treffen immer wieder auf dieselben Personen. Sehen Sie das nicht als nachteilig an. Grundsätzlich gilt die Faustregel: Lernen Sie so viele Menschen wie möglich kennen, aber ohne dass die Qualität, Tiefe und Intensität der Gespräche darunter leidet. Also bitte auch kein reines „People-Hopping“ und oberflächliches Visitenkarteneinsammeln veranstalten. Sie werden mit wenigen, intensiven Kontakten mehr gewinnen als mit 20 flüchtigen …

Übrigens: Vergessen Sie nicht, ein Lächeln wirkt wahre Wunder! Wenn Sie gut drauf sind, eine positive Ausstrahlung haben, dann werden andere auf Sie zukommen. Sagen Sie ruhig ganz ehrlich, dass dies Ihre ersten Netzwerkschritte sind. Andere unterstützen Sie sicher gern mit Tipps. Wenn Sie einen bestimmten Kontakt oder eine bestimmte Person suchen, die Sie auf der Gästeliste gesehen haben und mit der Sie unbedingt persönlich sprechen möchten, dann fragen Sie am besten beim Veranstalter selbst nach.

Tipp: Denken Sie immer daran, Sie könnten Ihren Auftraggeber, Kunden, Arbeitgeber oder zukünftigen Chef treffen! Also benehmen Sie sich entsprechend, achten Sie auf ein gepflegtes Äußeres und tragen Sie am besten schicke (Business-)kleidung. (Siehe Etikette-Regeln.) Es sei denn, vom Veranstalter ist ein anderer Kleidungsstil ausdrücklich angegeben. Wichtig ist natürlich auch, dass Sie selbst sich wohlfühlen. Sie wissen ja: Kleider machen Leute.

Nach ein, zwei Veranstaltungen bekommen Sie Routine und werden selbst herausfinden, welcher Event Ihnen mehr als andere zusagt. Das Wichtigste ist eine gewisse Leichtigkeit und vor allem Spaß und Neugier, denn genau das strahlen Sie dann auch aus.

Checkliste für den Besuch des ersten Netzwerktreffens

- Ich melde mich beim Veranstalter verbindlich an.
- Wenn es eine offene Gästeliste gibt, schau ich mir die Gästeliste vorab an.
- Anhand der Gästeliste kann ich schon sehen, wen ich dort treffen werde und planen, mit wem ich ins Gespräch kommen möchte.
- Ich kann mich schon vor der Veranstaltung mit den Teilnehmern in Social Media vernetzen.
- Wenn auf der Gästeliste jemand steht, den ich unbedingt persönlich sprechen möchte, dann lasse ich diese Person das bereits vorher per E-Mail wissen. Vielleicht ergibt es sich ja, dass wir beide die Möglichkeit nutzen, uns etwas früher zu treffen.
- Ich überlege mir die Struktur für meinen Elevator Pitch und übe diesen zu Hause laut.
- Ich informiere mich über den Veranstaltungsablauf.
- Ich packe genügend Visitenkarten und Flyer ein.
- Ich informiere mich über die Kleiderordnung sowie das Programm beziehungsweise den Ablauf.
- Wenn es keine Kleiderordnung gibt, kleide ich mich so, wie ich auch zu meinem besten Kunden gehen würde.
- Bargeld nicht vergessen, falls es eine Veranstaltungsgebühr gibt oder Verzehrkosten anfallen.
- Ich informiere mich über den Veranstalter.

- Ich prüfe, ob ich jemandem eine Fahrgemeinschaft anbieten oder selbst eine nutzen kann.
- Ich informiere meine Kontakte im Social Web, dass ich an dieser Veranstaltung teilnehme. So mache ich Werbung für den Event und gebe meinen Kontakten und deren Kontakten die Möglichkeit, selbst auch teilzunehmen.
- Ich nehme Schreibmaterial oder mein Tablet mit, um mir Notizen zu machen.
- Ich überlege mir mein Ziel für die Veranstaltung.
- Ich gehe pünktlich hin und nicht abgehetzt!
- Wichtig ist, dass ich gut drauf bin, denn alle umgeben sich lieber mit positiven Menschen.
- Auf dem Event angekommen, trete ich mit dem Veranstalter persönlich in Kontakt und bedanke mich.
- Je nach Bestuhlung suche ich mir einen Platz direkt am Eingang. Dort werde ich gesehen und sehe, wer kommt.
- Wenn es eine offene Netzwerkveranstaltung ist, wechsle ich immer wieder den Stehtisch, Tisch oder Sitzplatz und bewege mich im Raum. Wenn es eine moderierte Veranstaltung mit Programm und Vortrag ist, dann nutze ich die Pausen zum Umherstreifen und um neue Kontakte zu knüpfen.
- Ich überlege mir schon im Vorfeld ein paar Small Talk-Themen und einen Aufhänger, ein Gesprächsthema, das zur Veranstaltung passt.
- Ich lächle, so oft es geht. Denn oft braucht es nur ein Lächeln, das verbindet.
- Wenn ich eine bestimmte Person kennenlernen möchte, frage ich den Veranstalter, ob dieser mich mit ihnen bekannt machen kann.
- Wenn ich gemeinsam mit einem bekannten Kontakt zu dem Event gehe, trenne ich mich für die Dauer der Veranstaltung, damit wir beide mit neuen Menschen in Kontakt kommen.

- Wenn es eine Vorstellungsrunde gibt, höre ich gut zu und mache mir Notizen zu den einzelnen Personen, damit ich in den Gesprächen danach oder später daran anknüpfen kann.
- Ich frage den Veranstalter, ob es eine Visitenkartenrunde gibt oder ich selbst dafür sorgen sollte, meine herauszugeben.
- Lieber zwei intensive als zehn oberflächliche Kontakte.
- Ich plane genügend Zeit für den gesamten Event ein und bleibe bis zum Schluss.
- Wenn ich gehe, verabschiede ich mich von wichtigen Kontakten und auch vom Veranstalter persönlich.
- Ich nehme mir zur Nachbereitung des Events Zeit, entweder am gleichen Tag oder spätestens am nächsten Tag. Ich vernetze mich mit den neuen Kontakten über Social Media. Falls ich anknüpfende Gespräche führen möchte, vereinbare ich diese spätestens 72 Stunden danach.
- Wenn ich beim Event Kontakten zugesagt habe, bestimmte Informationen zu senden, erledige ich das zuverlässig und zeitnah.

Exotische Gelegenheiten zum Netzwerken

Wo gibt es sonst – außer auf expliziten Veranstaltungen und Netzwerk-Events – noch spannende Möglichkeiten und Gelegenheiten zum Netzwerken? Sie brauchen dafür nicht zwingend einen Termin, denn das können Sie immer und überall. Der Alltag bietet jede Menge Gelegenheiten dazu. Es kommt nur auf Ihre Einstellung und Ihre Kommunikationsbereitschaft an!

Wenn Sie offen und neugierig durchs Leben gehen, werden Ihnen täglich sehr viele Netzwerkgelegenheiten begegnen. Netzwerken können Sie im Supermarkt, in der Bahn, beim Warten auf das Boarding, im Flieger, im Wartezimmer, im Café, auf einer privaten Party, auf einer Betriebsfeier, auf Familienfeiern, in der Kirche oder Schule (Elternabend), auf Messen, Geschäftseröffnungen und Vernissagen, im Kindergarten – und natürlich im Internet. Lassen Sie sich am besten einfach von den folgenden Netzwerkstorys inspirieren …

Netzwerken beim Reisen – zum Beispiel mit der Bahn

Ich selbst bin noch gar nicht so lange Bahnfahrerin, erst seit März 2012. Dennoch habe ich auf diese Weise bereits geniale Netzwerker getroffen und sogar Kunden in der Bahn gewonnen, obwohl es gar nicht mein Ziel war. Eine besonders interessante Erfahrung von mir ist, dass Netzwerken in der Bahn am besten dann funktioniert, wenn die Pünktlichkeit der Bahn zu wünschen übrig lässt. Ich selbst habe das zwischen Köln und Berlin in der Zeit des Hochwassers 2013 erlebt, da gab es viele Verspätungen und schon aus diesem Grund kamen die Reisenden schnell ins Gespräch, schließlich hatte man ein gemeinsames Thema.

Eine Bekannte von mir fährt im Sommer sogar immer extra mit der Bahn quer durch Deutschland, nur um Menschen kennenzulernen! Da sie als Vertriebsexpertin sehr erfolgreich ist, scheint ihre Strategie zu funktionieren. Was sie mir sagte und ich selbst auch bestätigen kann, ja, am besten geht Netzwerken im Speisewagen!

Erfolgreich netzwerken in der Bahn

Ich liebe Bahnfahren mit dem ICE! Denn man kann wirklich unglaublich tolle Menschen ken-

nenlernen und gleichzeitig arbeiten. So auch im
September 2012: Damals war ich auf dem Weg
zu einem Eröffnungsevent in Dortmund und in
Stuttgart kam eine Frau mit ihrer Mutter in mein
Abteil. Ich bekam schnell mit, dass sie selbstständig
war, denn auch sie nutzte die Zeit in der Bahn zum
Arbeiten. Neu für mich war, dass nicht ich die aktive
Netzwerkerin war, sondern sie mich ansprach! Ich
hatte an diesem Tag eine W.I.N-Tüte dabei und diese
wurde unser „Aufhänger" und Gesprächseinstieg.
Die Frau fragte mich, was W.I.N sei und wir kamen
schnell ins Gespräch. Sie besuchte gleich die W.I.N-
Internetseite und stellte mir noch einige weite-
re Fragen zu unserer Community. Was glauben
Sie, wie freudig überrascht ich war, als sie sich am
24. September 2013 online bei uns als Mitglied re-
gistrierte – von sich aus. Meine Begeisterung hatte
bei ihr Feuer gefangen. Inzwischen ist diese Frau
von damals meine Kooperationspartnerin und hält
Vorträge, Webinare und Workshops bei W.I.N.

Netzwerken beim Reisen – zum Beispiel im Flugzeug

Meine persönliche Erfahrung ist, dass Reisende beim Bahnfahren wesentlich entspannter sind als beim Fliegen. Ob das
mit den verstärkten Sicherheitskontrollen zu tun hat? Auf
Langstreckenflügen funktioniert das Netzwerken in der
Luft durchaus! Mit dem Sitznachbarn, in der Schlange vor
der Toilette ... Bei Kurzstreckenflügen ist die Zeit, in der
Sie wirklich gelassen netzwerken könnten, meistens sehr,
manchmal zu knapp.

Achten Sie auf Signale Ihres Gegenübers, ob er für ein
Gespräch bereit ist, oder ob er lieber seine Ruhe haben

möchte. Wenn es Ihnen selbst so geht, antworten Sie einfach kurz, nett und höflich. Ich denke, jeder von uns hat genügend Fingerspitzengefühl, um zu merken, ob der andere ein Gespräch möchte.

Netzwerken beim Reisen – zum Beispiel bei Mitfahrgelegenheiten

Wenn Sie zu Events, Messen, Netzwerktreffen oder Seminaren fahren, bieten Sie doch an, andere Personen mitzunehmen! Oder nutzen Sie selbst eine Mitfahrgelegenheit. Eine bessere Form des Netzwerkens gibt es kaum. Nutzen Sie die Zeit, um nett miteinander zu plaudern. Das ist effektiver Small Talk, da Sie die Zeit optimal nutzen, die Sie sowieso investieren, um zu Ihrem Termin zu kommen. Ich persönlich bin einige Zeit von München nach Dresden gependelt und das war eine geniale Zeit, weil ich unglaublich tolle Menschen kennengelernt habe und eine Menge Spaß dabei hatte. Social Media-Plattformen und diverse Onlinedienste (Bla Bla Car etc.) machen es möglich, auch kurzfristig zu planen!

Daraus können ebenso tolle Freundschaften entstehen. So war es jedenfalls bei mir, ich habe durch eine Mitfahrgelegenheit meine enge italienische Freundin Claudia kennengelernt.

Wenn Sie selbst Veranstalter sind, organisieren Sie, dass sich Fahrgemeinschaften bilden können. Vermitteln Sie oder stellen Sie den Teilnehmern die Gästeliste zur Verfügung.

Wo netzwerkt Petra Polk?

Sie ahnen es vermutlich schon: Genau, immer und überall! Was ich nicht kann, ist nicht netzwerken. Deswegen verrate ich Ihnen liebend gern, wo Sie überall mit mir und anderen netzwerken können. Natürlich auf jeden Fall auf meinen eigenen Events der W.I.N-Community. Für mich als Netzwerkexpertin ist selbstverständlich auch Präsenz auf externen Veranstaltungen gefragt. Und in meinem Business als Rednerin, Social Media-Expertin und Trainerin arbeite ich im gesamten deutschsprachigen Raum.

In den letzten Monaten war ich zum Beispiel auf den Unternehmerinnentagen in Gelsenkirchen und in Mainz, dem bayerischen Unternehmerinnentag, dem Kongress der Spitzenfrauen in Stuttgart, der Präsentationkonferenz in Darmstadt, im Munich Diamond Club, bei WoMen Power Hannover, bei Women and Work Bonn, im Seminar „Grenzen überwinden" von Hermann Scherer, in der Hermann-Scherer-Akademie, bei der Weinverkostung in Ellinger Eller, auf dem Oktoberfest in München, auf dem Feminess Kongress, auf der IHK-Messe in Köln, auf der Weihnachtsfeier und dem Sommerfest von W.I.N, im RotaryMünchen-Flughafen, im Capital Club Berlin, im Wirtschaftsclub Düsseldorf, auf der female-Convention in Hamburg, bei Pecha Kucha in Stuttgart, bei Edel aufgelegt in München, bei der Vielfalt der Unternehmerinnen in Siegen, in der Wirtschaftskammer in Salzburg, auf der Buchmesse in Frankfurt, in der Talk Show von Jan Winter in Hamburg, auf der Personalmesse Stuttgart und Hamburg, bei soGUT Berlin, bei der Hans-Seidl-Stiftung in München zu „Starke Frauen, starke Worte", auf einem Event der Raiffeisenbank im Europapark Rust, auf dem Wissensforum in Stuttgart, bei der Women Speaker Foundation in München ...

Nicht zu vergessen all die vielen persönlichen Begegnungen, auf den Airports, Bahnhöfen, Hotels und in Social

Media. Ich habe 20.000 Social Media Kontakte, und davon kenne ich 30 Prozent persönlich, und alle, die jetzt sagen, sie möchten mich persönlich kennenlernen: Ich freue mich jetzt schon.

Sie sehen, es sind die unterschiedlichsten Arten von Veranstaltungen und auch viele private Begegnungen, die aus Kontakten auch Geschäftsbeziehungen werden lassen. Damit möchte ich Sie animieren. Es kommt weder auf die Größe noch auf die Art der Veranstaltung an noch ob Sie privat oder geschäftlich unterwegs sind, Netzwerken können Sie immer und überall. Netzwerken muss leicht gehen, dann können Sie es genial in Ihren Alltag integrieren, Netzwerken ist nicht verkaufen, dann ist es auch nicht unangenehm, wenn Sie privat unterwegs sind. Netzwerken kann man nicht „machen", netzwerken muss man *leben,* dann macht es richtig Spaß und führt Sie sicher zum Erfolg.

Die wichtigsten Social-Media-Plattformen

Social Media ist ein zusätzliches Kommunikations-medium, Marketing-Instrument und eine Möglichkeit zum Netzwerken. Die Kommunikation mit Kunden und Mitarbeitern über diese Plattformen wird immer wichtiger. Das bestätigt eine McKinsey-Studie aus dem Jahre 2014 (www.cio.de/strategien/2962377/).

Ich bin mir sehr sicher, dass Social Media auch zukünftig weiterhin an Bedeutung gewinnen wird. Es gibt mittlerweile etwa 240 Social Media-Plattformen, und es kommen täglich welche dazu. In diesem Kapitel stelle ich Ihnen die meiner Meinung nach wichtigsten und effektivsten Online-Netzwerke vor und habe jeweils Experten eingeladen, sich dazu zu äußern.

Xing – Interview mit Netzwerk-Expertin Petra Polk
1. Warum magst du Xing als Social Media-Plattform?
Xing war für mich der Start in Social Media in 2007 und somit habe ich auch dort die meisten Erfahrungen. Xing ist eine Business-Plattform, dort finden Sie hauptsächlich Menschen im Businesskontext, meist Selbstständige, Geschäftsführer, Führungskräfte, Akademiker und Angestellte.

Es ist also ein berufliches Netzwerk und gibt Ihnen die Möglichkeit, sich mit einem professionellen Profil als Experte sichtbar zu machen.

In den letzten Jahren hat Xing die Profilgestaltung immer mehr an Facebook angepasst, sodass Sie Ihr Profil sowohl mit Text als auch mit Bildern gestalten können. In Deutschland ist es sehr verbreitet und hat insgesamt circa 7 Millionen User, davon sind etwa 5,8 Millionen aus Deutschland.

2. Was unterscheidet Xing von anderen Plattformen?
Das Besondere an Xing ist für mich, dass ich ganz konkret nach Personen aus bestimmten Berufskreisen und Städten suchen kann. Sie können dabei folgende Kriterien nutzen, um Ihre Suche gezielter zu machen: Ort, beruflicher Status, Branche, Position, Firma und sogar private Interessen. Die erweiterte Suche der kostenpflichtigen Premium-Mitgliedschaft macht es möglich. Xing ist beruflich orientiert und sehr professionell aufgebaut, es ist die Business-Visitenkarte im Netz. Es funktioniert auch überregional sehr gut und dank der vielen unterschiedlichen Gruppen kann jeder ganz gezielt nach Themen und interessanten Kontakten suchen. Außerdem finde ich Profile in Xing gut, um mir einen ersten Überblick über die Person und ihre Dienstleistung zu verschaffen. Bei Telefonaten mit Personen, die ich noch nicht persönlich kenne, nutze ich auch die Xing-Profile, um mir ein Bild von der Person zu machen. Mir gefällt au-

ßerdem die Möglichkeit, Events online einstellen und Gäste dazu einladen zu können. Die Plattform hat viele Detaileinstellungen, wo Sie ganz genau einstellen können, welcher Ihrer Kontakte welche Daten von Ihnen einsehen kann. Ich persönlich schätze es, wenn meine Xing-Kontakte mir persönliche Nachrichten direkt auf dieser Plattform senden und mich nicht mit E-Mails zuspamen.

3. Wem kannst du das Netzwerk empfehlen?
   Ausnahmslos jedem, der Business und/oder Karriere machen möchte. Dann ist ein professionelles Xing-Profil meiner Meinung nach ein Muss. Xing und Facebook sowie LinkedIn ergänzen sich gegenseitig wunderbar. Wichtig ist, unbedingt das eigene Profil zu pflegen – es ist mitunter genauso wichtig wie Ihre Internetseite. Wenn Sie es nicht selbst pflegen können oder wollen, delegieren Sie es an Profis! Ein schlechtes Profil kann sich negativer auswirken als gar keins.

Twitter – Interview mit Malu Schäfer-Salecker
(www.salecker-marketing.de)

1. Warum magst du Twitter als Social Media-Plattform?
   „In der Kürze liegt die Würze" – das mag ich an Twitter. Es ist ein schnelles Medium, zack rein – zack raus! Man darf sich nur nicht unter Druck setzen, alles verfolgen zu müssen. Ich sehe es wie einen großen Strom, die Wassertropfen sind die Tweets. Wenn ich in den Strom eintauche, lese ich ein paar Tweets von denen, die mich interessieren. Die Tweets, die mir wichtig sind, habe ich in einer Liste. Was mir noch gefällt: Wenn ich ein Problem habe, wird das schnell mit dem Hashtag #followerpower getwittert und ich bekomme innerhalb kurzer Zeit mindestens eine kompetente Antwort. Ich finde hier Kooperationspartner, Kunden, Menschen, die mir Auskunft geben, wo ich mich in einer fremden Stadt

am besten für ein Business-Frühstück verabreden kann, usw. Der virale Effekt ist sehr groß, interessante Tweets werden geteilt und ich erreiche somit eine weitaus größere Dialoggruppe als meine direkten Follower.

2. Was unterscheidet Twitter von anderen Plattformen?
Ganz eindeutig die Schnelligkeit. Ein Tweet „lebt" in der Regel 18 bis 24 Minuten, es gibt unterschiedliche Angaben. Das bedeutet, bis auf wenige Ausnahmen ist der Tweet für die Follower danach nicht mehr sichtbar. Bei wichtigen Themen heißt das, mehrmals am Tag das Gleiche twittern, nur mit anderen Wörtern, weil jeder auf andere Schlüsselwörter reagiert. Ein Unterschied ist auch die strikte Chronologie. Ich liebe das, aber genau deswegen ist ein Tweet so schnell „vergessen". Daran muss man sich erst gewöhnen.

3. Wem kannst du das Netzwerk empfehlen?
Twitter ist hervorragend für alle, die ihre Dienstleistungen, ihre Produkte oder Veranstaltungen bekannt machen wollen. Das geht sehr gut mit entsprechender Verlinkung auf die eigene Website. In Kombination mit einem eigenen Blog kann man sich über Twitter sehr gut einen Expertenstatus aufbauen. Blogartikel werden gerne geteilt, wenn sie ein Thema neu betrachten oder eine Nische besetzen. Ein Beispiel: Ich habe Anfang September einen neuen Blog als Passionproject gestartet und durch viele Retweets und Favs innerhalb von zwei Tagen über 600 Zugriffe gehabt. Die Zahlen sind nach einer Woche etwas gesunken, halten sich aber sehr stabil. Ich finde, das ist ein beachtlicher Start. Twitter schafft Sichtbarkeit und hilft, Expertenstatus aufzubauen.

Facebook – Interview mit Sandra Staub
(www.sandra-staub.de)
1. Warum magst du Facebook als Social Media-Plattform?

Ich mag Facebook als Social-Media-Plattform, weil es Menschen über Grenzen hinweg sehr gut verbindet und schnellere Kommunikation möglich macht.

2. Was unterscheidet Facebook von anderen Plattformen? Facebook unterscheidet nichts von anderen Plattformen. Es ist inzwischen das Eichmaß für Social Media Plattformen geworden. Am Wichtigsten finde ich die Möglichkeit, mit Bildern, Texten und Links zu kommunizieren.

3. Wem kannst du das Netzwerk empfehlen? Ich empfehle Facebook Personen, die daran interessiert sind, andere Menschen kennenzulernen und aktiv zu kommunizieren.

Facebook – Was sagt die Autorin dazu?

Für mich ist der virale Effekt bei Facebook genial, Infos erreichen Menschen, die ich sonst nie erreichen würde. Facebook ist super für Empfehlungsmarketing und auch, um Aufträge zu generieren. Facebook ist viel schneller als Xing und ich bekomme in Kürze Antworten auf Fragen oder Hilfe, wenn nötig.

Ich finde es gut, hier mit den Menschen in Kontakt zu bleiben, die ich nicht monatlich treffen kann – sogar über Ländergrenzen hinweg. Ich mag den Facebook-Chat. Diese Plattform ist sehr schnell und lebendig. Facebook empfehle ich persönlich jedoch ganz klar als Ergänzung neben Xing, Twitter und LinkedIn.

LinkedIn – Interview mit Sonja Kreye
(www.kreye-communikation.de)
1. Warum magst du LinkedIn als Social Media-Plattform?
Dafür gibt es mehrere Gründe: Zum einen ist LinkedIn das
einzige wirklich internationale berufliche Netzwerk. Da ich
schon viel international gearbeitet habe und das auch immer
noch tue, ist es für mich die perfekte Möglichkeit, mit meinen aktuellen und früheren Geschäftspartnern aus aller Welt
(vor allem aus den USA, England, Australien und Asien)
Kontakt zu halten. Daraus haben sich schon Geschäfte entwickelt. Gerade aktuell bin ich beispielsweise daran, ein
Sponsoring-Projekt an ein Unternehmen aus England zu vermitteln, das im deutschen Markt Fuß fassen will. Ich hoffe,
dass es klappt ...
2. Was unterscheidet LinkedIn von anderen Plattformen?
Zum einen natürlich die Internationalität. Wie gesagt, es
gibt kein anderes berufliches Netzwerk mit Mitgliedern aus
so vielen Ländern. Zum anderen finde ich die ‚Endorsement‘
(Empfehlungs-)Funktion super. Menschen, mit denen man
zusammengearbeitet hat, können die eigenen Kenntnisse
in bestimmten Bereichen bestätigen. Entweder per einfa-
chem Klick auf eine Fähigkeit oder auch per persönlicher
Referenz. Diese Empfehlungen stammen also von ‚unab-
hängiger‘ Seite – wenn man mal davon absieht, dass natürlich auch hier viele Menschen miteinander befreundet
sind und sich gegenseitig einen Gefallen tun. Somit erhält
das eigene Netzwerk einen guten Überblick über die eigenen Fähigkeiten und Kenntnisse. Zudem erlaubt LinkedIn
auch Status-Updates und lädt zum Bloggen ein. Mir gefällt
außerdem, dass LinkedIn sich einen Pool von „Thought
Leaders" wie Richard Branson, Barack Obama und Tony
Robbins zugelegt hat, die regelmäßig dort veröffentlichen.
Grundsätzlich kann aber jeder mit der Veröffentlichung von
relevantem Content auf LinkedIn Thought Leader werden.
Die Erstellung von Company Pages auf LinkedIn ist zudem

kostenlos und das Netzwerk gewinnt immer mehr Nutzer, auch in Deutschland. Über 5 Millionen deutschsprachige Nutzer sind bereits auf LinkedIn.

Und noch ein Punkt spricht für mich für LinkedIn, den ich allerdings nicht belegen kann: Meiner Ansicht nach sind vor allem Menschen in höheren Positionen und Entscheider aus Deutschland auch auf LinkedIn, denn diese sind meist auch international unterwegs und daher ist LinkedIn für sie ein Muss. Zwar sind nicht alle so aktiv, wie man es sich wünschen würde, aber LinkedIn ist eine hervorragende Plattform, um mit solchen Entscheidern in Kontakt zu treten.

3. Wem kannst du das Netzwerk empfehlen?

Vorrangig immer noch allen Business-Inhabern, die international unterwegs sind und sich vor allem auch mit großen Marken und Unternehmen verbinden wollen. Denn die Führungskräfte der großen deutschen Unternehmen sind auch alle international unterwegs und daher meist dort vertreten, um eben genau den Kontakt mit ihren internationalen Kollegen und Geschäftspartnern zu halten. LinkedIn bietet hier eine hervorragende Möglichkeit, mit diesen Menschen in Kontakt zu treten. Es hilft natürlich, wenn man dazu der englischen Sprache einigermaßen mächtig ist. Wobei ich selbst meine Status-Updates auf LinkedIn durchaus auch in Deutsch verfasse.

Google Plus – Interview Sonja Greye
(www.greyeconsulting.de)

1. Warum magst du Google Plus als Social Media-Plattform?

Ich kam über eine Einladung zu Google Plus, als die Plattform gerade herauskam. Anfangs gab es gerade in der Branche hier große Neugier und sehr viel Aktivität. Nach einiger Zeit wurde es wieder etwas ruhiger und Google Plus hat ein Stück weit polarisiert. Einige User haben der

Plattform wieder den Rücken gekehrt und sie für tot erklärt. Ich sehe das allerdings anders. Google Plus ist kein Facebook und auch kein Twitter. Es ist ein Social Network im Portfolio von Google. Zusammen mit anderen Google-Diensten wie Drive, YouTube usw. Daher kommt es auch ohne Werbeanzeigen aus. Der Stream wirkt aufgeräumter und die Einstellungen weniger kompliziert als bei Facebook. Gerade Neueinsteiger können sich schnell zurechtfinden. Die Organisation der Kontakte über Kreise ist sehr praktisch. Per Drag'n'Drop kann man hier schnell und einfach entscheiden, wer in welchen Kreis gehört und wer nicht. Tendenziell gibt es zwar weniger Interaktion auf Google Plus im Vergleich zu Facebook, das Netzwerken macht aber dennoch Spaß. Quantität heißt nicht immer Qualität.

2. Was unterscheidet Google Plus von anderen Plattformen?
Der entscheidende Unterschied ist, dass Google Plus keine für sich allein stehende Plattform ist, sondern ein Google-Dienst. Jeder, der einen Google Mail- oder YouTube-Account besitzt, ist quasi auch Google Plus Mitglied. Da Google unser aller Leben stark beeinflusst und auch im Marketing nicht außer Acht zu lassen ist, gilt dies auch für Google Plus als Social Media-Plattform. In der Wahrnehmung ist dies allerdings noch nicht überall angekommen. Die Möglichkeiten von Google Plus, Facebook und Twitter sind ähnlich, allerdings hat jedes Netzwerk seinen eigenen Reiz. Dieser kommt durch die User selbst. Im ersten Jahr machte sich die Altersgrenze von 18 Jahren bemerkbar, die später aufgehoben wurde. Der Dialog wirkte etwas erwachsener. Nicht alle Zielgruppen sind momentan auf Google Plus zu finden. Dennoch werden die Inhalte des Netzwerks aktiv durch die Google Suche unterstützt, was für Reichweite sorgt. Ein Social Network ohne Werbeanzeigen hat für viele Menschen darüber hinaus auch sicher einen ganz besonderen Reiz.

3. Wem kannst du das Netzwerk empfehlen?
Sobald es um Branding und Online-Reputation geht,

darf Google Plus eigentlich nicht fehlen. Auch für lokale Unternehmen sind die Vorteile durch die Google-Suche und Integration von Maps und lokalen Diensten nicht von der Hand zu weisen. Wer sich mit möglichst vielen Freunden vernetzen will, wird hier vielleicht nicht gänzlich zufrieden sein, weil einige von diesen Freunden eventuell noch im Netzwerk fehlen. Um sich aber über Neuigkeiten auf dem Laufenden zu halten und in Echtzeit informiert zu werden, ist Google Plus ähnlich gut geeignet wie Twitter. Weiters bietet Google Plus durch Drive, Hang-Outs und Kalender tolle Tools für das virtuelle Arbeiten von Teams. Gerade bei Freelancern oder Unternehmen ohne aufwändige IT-Infrastruktur ist dies sehr vorteilhaft.

You Tube – Interview mit Gerhard Regn
(www.GerhardRegn.de)
1. Warum magst du YouTube als Social Media-Plattform?
YouTube bietet eine sehr große Auswahl an Videos zu fast jedem Thema. Die Suchfunktion ist sehr einfach zu bedienen und die Trefferquote bei der Suche ist sehr hoch. Man kann beliebig viele Listen anlegen, nach denen man Videos klassifizieren kann. Diese Listen erleichtern auch, Videos später wiederzufinden.

Man kann Videos (bzw. Kanäle) von anderen Video-Autoren abonnieren und sich per E-Mail informieren lassen, wenn dieser Autor ein neues Video veröffentlicht hat. Man kann eigene Videos auf die Plattform hochladen und diese auch mit eigenen Schlagwörtern versehen. Hochgeladene Videos lassen sich in drei Gruppen einteilen (privat – von niemandem sonst zu sehen; nicht gelistet – können nur von jemandem gefunden werden, der im Besitz des genauen Links zum Video ist; öffentlich – können von jedem gefunden werden).
2. Was unterscheidet YouTube von anderen Plattformen?
Im Gegensatz zu Facebook lassen sich Videos auf YouTube

bearbeiten und mit Untertiteln, Anmerkungen und Links versehen. Dadurch kann man seine Videos mit zusätzlichen Informationen und Handlungsanweisungen versehen. Beiträge auf YouTube erscheinen in der Google-Suche-Ergebnisliste (sofern die Key Words richtig verwendet werden).

3. Wem kannst du das Netzwerk empfehlen?

Jedem, der etwas über sich oder sein Business ausdrücken und anderen mitteilen möchte und dabei die Kraft von Videos nutzen möchte.

Pinterest – Interview mit Ulrike Meinhardt (www.meinhardt.de)

1. Warum magst du Pinterest als Social Media-Plattform?

Auf Pinterest finde ich immer wieder neue Inspirationen zu meinen Hobbys „Innendekoration, DIY, Architektur, Design" und häufig auch Ideen für neue Frisuren oder Klamotten.

Pinterest ist schnell und einfach „konsumierbar", auf einem Second Screen neben dem Fernsehen oder um Wartezeiten zu überbrücken. Es bedarf keiner großen Konzentration, man kann sich ganz dem Bilderstrom hingeben.

Pinterest nutze ich derzeit nur privat und in erster Linie über mein Smartphone als „Pausenfüller".

Ich bin seit Anbeginn auf Pinterest und habe natürlich auch ein paar Kritikpunkte:

- Die meisten Inhalte sind in Englisch (und immer häufiger auch anderen Sprachen), jedoch wenig Deutsch. Dies ist für mich kein Problem, aber möglicherweise für diejenigen, die Pinterest als Werbeplattform nutzen möchten. Ohne die genauen Zahlen zu kennen, vermute ich, dass noch zu wenig deutschsprachige Nutzer auf Pinterest sind.

- Wenn man seit Anfang an dabei ist, merkt man, dass sich viele Inhalte immer und immer wiederholen. Da hilft auch die relativ neue Filterfunktion in der App nicht.

- Natürlich nutzen immer mehr Unternehmen Pinterest als Werbeplattform, um Traffic auf die eigenen Websites zu treiben. Das ist meistens erkennbar, denn die Unternehmen „segeln nicht unter falscher Flagge". Nervig sind jedoch die vielen von Werbung „verseuchten" Websites, auf denen man immer wieder landet, wenn man – besonders in der App – aus Versehen daneben klickt.

2. Was unterscheidet Pinterest von anderen Plattformen?
Meines Erachtens taugen die Inhalte auf Pinterest für die schnelle Konsumierbarkeit, auch die Interaktion ist schnell und einfach möglich.

Die Interaktion ist jedoch eher unpersönlich, im Vergleich zu Twitter oder natürlich Facebook, wo der Interaktion mehr Platz eingeräumt wird und man dadurch auch „Beziehungen" aufbauen kann.

3. Wem kannst du das Netzwerk empfehlen?
Jedes Unternehmen, das sehr bildlastig kommunizieren kann und will, ist auf Pinterest gut aufgehoben. Auch als Traffic-Treiber ist Pinterest eine gute Plattform. Nutzer können sich schnell und nebenbei Inspirationen zu allen möglichen Themen holen. Leider landet man zu oft auf zu „dubiosen" Websites und verliert sehr schnell das Interesse an dem jeweiligen Thema. Im Sinne von SEO ist dies möglicherweise relevant, denn der Verbleib auf den jeweiligen Sites ist nur sehr kurz, wenn die Website nicht hält, was die Information auf Pinterest versprochen hat.

Welche Social Media-Plattformen
nutzt Petra Polk?

Mein persönlicher Einstieg in diesen Bereich war 2006 mit Freenet, davon redet heute niemand mehr. Eine Freundin hat für mich damals eine Kontaktanzeige eingestellt, und immerhin habe ich meinen jetzigen Mann so kennengelernt. Im Business war mein Einstieg 2007 in Xing. Eine Freundin hat es mir empfohlen. Da ich immer neugierig bin, habe ich sie gebeten, mit mir gemeinsam ein Profil einzurichten. Ein Profil „macht noch keinen Sommer", also wenn man nichts macht, passiert auch nichts – genauso war es auch bei mir. Bis ich Ende 2009 in Vorbereitung auf die Eröffnung von W.I.N ganz viele Kontakte für unseren Eröffnungsevent brauchte. Seitdem habe ich mein Xing-Profil immer wieder aktualisiert, selbst Xing hat in der Zeit eine Vielzahl von Änderungen gemacht, es gleicht sich immer mehr Facebook an, doch hat es bis heute Suchfunktionen, die keine andere Plattform bieten kann. Meine jetzigen 11.282 Kontakte sind alle „handgemacht", sprich ohne Xing-Butler und Co. Aber es ist auch keine Hexerei, sondern Fleiß, Kontinuität und Dranbleiben. Wenn Sie 11.282 durch sieben Jahre und 365 Tage teilen, dann heißt das jeden Tag 4,415 Kontakte. Aber so ist es nicht ganz richtig, denn von 2007 bis 2012, das heißt in fünf Jahren, habe ich 3.000 Kontakte gemacht und von 2012 bis 2014 dann 8.282, genau das ist der geniale virale Effekt. Ja, aller Anfang ist schwer, ab 1.000 Kontakten geht es leichter, dann bekommen Sie auch viele Kontaktanfragen und müssen nicht mehr selbst so aktiv sein. Und ganz ehrlich, erst ab 10.000 bin ich dann wählerischer geworden.

Xing bietet einer Netzwerk- und Vertriebsexpertin einfache Möglichkeiten, die keine andere Plattform hat. Ich persönlich sage, sie ist „ein Geschenk Gottes". Und um gleich den Unterschied zur nächsten festzumachen, hier können Sie

Ihren Kontaktkreis ganz konkret mit Menschen erweitern, die Ihnen sonst nie begegnen würden.

Seit 2011 nutze ich auch Facebook intensiv, und diese Plattform hauptsächlich, um mit meinen bestehenden Kontakten in Kommunikation zu bleiben. Ich sage immer: Das ist der Dorfplatz von heute, hier kann man wunderbar miteinander reden. Seit 2013 verwende ich es auch, um meinen Kontaktkreis zu erweitern. Mein Einstieg bei Facebook hat übrigens dazu geführt, dass meine Kontakte auch ein bisschen mehr von Petra Polk privat erfahren, bis dahin dachten viele PP arbeitet sieben Tage die Woche und das 24 Stunden lang, da es ja in Xing nur um Businessthemen geht. Facebook macht uns menschlich, denn Business wird von Menschen gemacht, und deshalb geben Sie ruhig auch ein bisschen Privates von sich preis, natürlich nur so viel, wie Ihnen angenehm ist.

Bei meinem ersten Twitter-Seminar war ich 2011, doch selbst danach lag mein Profil lange brach, da zu dieser Zeit meine Geschäftspartnerin die Plattform für unsere Community gepflegt hat. Auch als sie dann nicht mehr zur Verfügung stand, habe ich es zwei Jahre extern betreuen lassen. Erst seit 2014 kümmere ich mich intensiv selbst um Twitter, und nach und nach werde ich mit dem Vögelchen warm ...

Alle anderen Profile, die Sie von mir im Web finden, werden leider eher schlecht bedient und betreut. Also auch ich habe noch Potenzial!

Mein Tipp an Sie: Betreuen Sie lieber zwei Profile professionell als zehn oberflächlich. Finden Sie für sich die Plattform, die Ihre Sprache spricht und die wie Sie tickt. Oder suchen Sie sich Experten, die Ihre Sprache sprechen und die Ihre Social Media-Plattformen betreuen.

Tipps des erfahrenen Netzwerkers – Jan Winter im Interview

Jan H. Winter ist für mich jemand, der das Netzwerken in Social Media optimal mit dem persönlichen Netzwerken verbindet. Ohne Xing würden wir uns gar nicht kennen! Und als „Verkaufs-Rock'n'Roller" lebt er vielen vor, dass Netzwerken zum Businesserfolg dazugehört.

1. Wo und wie netzwerkst du denn am liebsten?

Am allerliebsten netzwerke ich persönlich, das heißt, ich besuche sehr viele Veranstaltungen. Vor allem solche, die nicht nur mit meinen Themen zu tun haben. Gerade dadurch kommen ständig neue Kontakte zustande. Zusätzlich lerne ich dank meiner Neugier auf Menschen viele neue Personen kennen. Einmal im Gespräch, ergeben sich schnell Gemeinsamkeiten und Möglichkeiten. Ich gehe nie gezielt auf eine Veranstaltung, um Geschäfte zu machen, sondern das ergibt sich nebenbei – oder eben nicht. Das gilt auch für die sozialen Online-Netzwerke, in denen ich mich als Verkaufscoach natürlich ebenfalls bewege. Es steht der Mensch, der Kontakt, im Vordergrund und nicht das kurzfristige Geschäft. Die Anerkennung meiner Netzwerkpartner und ihrer Bedürfnisse ist meiner Meinung nach die Voraussetzung für erfolgreiches Netzwerken.

2. Welches ist deine erfolgreichste Netzwerkstory, die dich persönlich, beruflich oder privat weitergebracht hat?

Meine erfolgreichste Netzwerkstory ist der Aufbau meiner Interview-Serie „DidS" (= Dialog in der Statuszeile). In diesen Interviews, die ich auf der Business-Plattform Xing

durchführe, gebe ich mei-
nen Netzwerkkontakten die
Möglichkeit, sich allen meinen anderen Kontakten vor-
zustellen. Für Netzwerke
gilt die Regel (nach Joachim
Rumohr): 90 Prozent sind einfach im Netzwerk, 9 Prozent
sind hin und wieder aktiv
und 1 Prozent regelmäßig. Zu
diesem 1 Prozent gehöre ich.
Gleichzeitig wollte ich, dass

mein Netzwerk aktiver wird. Das habe ich mit dem DidS erreicht. Hinzu kommt, dadurch komme ich mit vielen neuen
Kontakten in Verbindung, da ich ja mit dem Interview
etwas zu geben habe! Es ist wirklich großartig, zu welchen
Kontakten ich dadurch schon gekommen bin.

*3. Welche 5 Profitipps zum Thema Netzwerken gibst du
meinen Lesern mit?*

1. *Anders sein als alle anderen.* Das beginnt mit dem
Foto und geht weiter über den Text, der nicht eine reine
Funktionsaufzählung sein sollte. Geschichten sind es, wel-
che die Menschen lesen wollen.

2. *Authentisch sein.* Auch hier geht es beim Foto los. Es sollte keine Photoshop-Montage sein. Was macht mich aus, wer
bin ich und warum sollte Mann/Frau mit mir Kontakt aufnehmen.

3. *Suchen Sie nach Kooperationen.* Schauen Sie, wer
ist in Ihrem Bereich erfolgreich. Und lernen Sie von dieser Person! Genau das bringt Sie weiter. Legen Sie das

Wettbewerbsdenken ab. Kooperationen sind stark und einzigartig.

4. *Wertschätzende Kommunikation.* Seien Sie ehrlich und zeigen Sie Emotionen, das ist genau das, was wir alle suchen. Nicht der durchgestylte Text macht den Unterschied, sondern Ihre Menschlichkeit und Nahbarkeit. Seien Sie einfach Mensch, verletzlich und echt.

5. *Geben Sie etwas zurück.* Durch Empfehlungen, durch Hinweise auf eine tolle Dienstleistung oder einen Kollegen, der eine super Idee anbietet. Wenn sich das alle angewöhnen, geben und bekommen wir alle etwas.

Jan H. Winter, JHW-Verkauf ist Dialog
Coach, Redner und Moderator
Verkauf und Service
www.janhwinter.de
E-Mail: jan.h.winter@janhwinter.de

KAPITEL 5

Das WIN-Prinzip – Wie baue ich mein eigenes Business-Netzwerk auf?

Jeder von uns hat ein Netzwerk, von Kindesbeinen an. Sie wachsen in einer Familie auf, da sind Eltern, Geschwister und sonstige Verwandte. Das ist Ihr erstes Netzwerk. Im Kindergarten bilden sich dann die ersten zarten Freundschaften. Weiter geht es schließlich in der Schule und in der (Berufs-)Ausbildung. Außerdem kommen Arbeitskreise, Vereine, Organisationen, Freunde, Kollegen, Nachbarn und alle anderen sozialen Kontakte dazu, die Ihnen auf Ihrem Lebensweg begegnen. Das ist Ihr privates und berufliches Netzwerk, das ganz natürlich und automatisch wächst. Bei einigen von uns mag das Netzwerk umfangreicher sein als bei anderen. Aber auch wenn Ihnen Kommunikationsfähigkeit und Kontaktfreudigkeit nicht in die Wiege gelegt worden sein sollten: Jeder von uns kann sein Netzwerk – ob privat oder beruflich oder beides – gezielt ausbauen. Wie das in der Praxis gehen kann, das möchte ich Ihnen nun in diesem Kapitel anhand meines eigenen Business-Netzwerkes W.I.N zeigen.

Es gibt unterschiedliche Arten, das eigene Netzwerk auf- und auszubauen und auch verschiedene Gründe und Motivationen. Manche von Ihnen möchten das Netzwerk in dem Unternehmen, in dem Sie tätig sind, erweitern, um so noch schneller an wichtige interne Informationen zu kommen. Andere wollen ihr privates Netzwerk ausbauen, weil sie gerade umgezogen sind und sich dort neu integrieren möchten. Vielleicht sind Sie gerade auf der Suche nach beruflichen Veränderungen, einem Ausbildungsplatz, einem neuen Arbeitgeber oder einem Mentor.

Es könnte auch sein, dass Sie eben in Ihre Selbstständigkeit gestartet sind und sich deshalb besser vernetzen möchten. Möglicherweise halten Sie Ausschau nach Kooperationspartnern für neue Projekte, neue Mitarbeiter für Ihr Unternehmen oder Kollegen, mit denen Sie sich über Fachthemen austauschen können.

Es ist wichtig, die eigene Motivation zu kennen! Werden Sie sich klar darüber, warum Sie Ihr Netzwerk aufbauen und erweitern möchten. Bei einigen von Ihnen können natürlich auch mehrere Gründe zusammentreffen. Denken Sie dabei groß und langfristig, und schauen Sie über den Tellerrand.

Genauso wichtig wird es später, die Gründe anderer, sich mit Ihnen zu vernetzen, zu erkennen. Auch wenn es viele verschiedene davon gibt, die Wege, um das individuelle Ziel zu erreichen, sind nahezu identisch. Der Aufbau eines Netzwerkes funktioniert immer gleich.

Behalten Sie im Hinterkopf, dass Ihr Netzwerk auch aus Kontakten bestehen darf, deren Rolle und Nutzen Sie eventuell im Moment noch nicht sehen. Sie sollten diese Kontakte dennoch nicht einfach aus Ihrem Netzwerk streichen, man weiß ja schließlich nie, was die Zukunft bringt. Und selbst wenn Sie diese nicht persönlich benötigen, vielleicht können Sie jemand anderem mit der Empfehlung und Weitervermittlung helfen.

Netzwerkaufbau ist nicht kurzfristig, nur für heute und morgen, sondern vor allem für Ihre Zukunft relevant!

Jede Begegnung hat einen Sinn und wird sich – in welcher Form auch immer – eines Tages lohnen. Oft kann es Jahre dauern, dass Sie genau für diesen Kontakt eine Empfehlung haben, oder bis Sie eine Empfehlung bekommen. Und sicher wird es auch Kontakte geben, bei denen nie Synergien entstehen. Oft sagt uns schon unser Bauchgefühl, ob daraus etwas werden kann.

Kooperationspartner & Geschäftspartner

Aus Ihrem Netzwerk kann auch Ihr Team entstehen. Sie können viele Kooperationspartner in Netzwerkorganisationen treffen und finden. Wenn jeder seinen Expertenstatus lebt, dann können in Ihrem persönlichen Netzwerk oder auch in Netzwerkorganisationen wunderbare geschäftliche Kooperationen und auch Freundschaften entstehen.

Seien Sie sich stets bewusst, dass beim Netzwerken nicht unbedingt Gleiches mit Gleichem vergolten wird, sondern Sie meistens in Vorleistung für andere gehen müssen. Sie verbinden Menschen und investieren in Events, ohne sofort einen Return-on-Investment zu bekommen.

Gehen Sie in Vorleistung!

Ein Netzwerkpartner, den ich bei einem Seminar kennengelernt habe, hat auf einer anderen Veranstaltung jemanden getroffen, der einen Experten für sein Xing-Profil suchte. Mein

Netzwerkpartner empfahl ihm daraufhin, Petra Polk zu fragen, sie sei die Expertin für Xing. Durch diese Empfehlung resultierte ein Auftrag für mich. Mein Netzwerkpartner hat mir diesen Erfolg gegönnt und mir etwas Gutes getan. Er selbst hatte erst einmal nichts davon, keinen geldwerten Nutzen. Das macht aber nichts! Denn ich werde auf jeden Fall an ihn denken, wenn jemand nach einer Empfehlung aus seinem Bereich fragt. Wer selbst Empfehlungen ausspricht, bekommt auch Empfehlungen!

Warum bekomme ich keine Empfehlungen?

Ich werde häufig gefragt, woran es liegen kann, wenn man nach einer langen Zeit in einer Netzwerkorganisation immer noch keine Empfehlung bekommen hat.

Nun, das hat sicher mehrere Gründe, aber einige der häufigsten möchte ich Ihnen hier gerne kurz erläutern.

Als Erstes sollten Sie überprüfen, ob Sie gut positioniert sind, sodass die anderen wissen, was Sie genau machen und anbieten. Formulieren Sie ganz klar, was Ihr Expertenstatus ist.

Falls Sie das noch nicht so genau wissen, befragen Sie Ihr Umfeld und Ihre Kontakte, was diese sagen würden, wenn sie in zwei Sätzen beschreiben müssten, wofür Sie Experte sind. Wenn Ihre Kontakte, die Sie schon länger kennen, nicht wie aus der Pistole geschossen sagen können, was Sie machen und was Sie besonders gut können, dann ist es kein Wunder, dass diese Sie noch nicht weiterempfohlen haben. Denn wie oder wofür soll Sie jemand empfehlen, wenn derjenige gar nicht weiß, wofür genau? Sie können in dieser Sache das Gespräch mit einem Coach suchen, wenn Sie daran Interesse haben. Eine erfahrene und neutrale Person kann Sie unterstützen, Ihren Expertenstatus genau herauszuarbeiten.

Zweitens sollten Sie sich überlegen, wie viele Empfehlungen Sie selbst in den vergangenen Jahren ausgesprochen haben. Wenn Sie, bei einer Netzwerkaktivität von beispielsweise drei Jahren, nicht mindestens fünf Empfehlungen gegeben haben, dann sollten Sie daran ab heute etwas ändern. Wer selbst Empfehlungen ausspricht und viel für andere tut, wird sich in deren Köpfen verankern.

Ein weiterer Grund kann sein, dass Sie zu wenig präsent sind. Wenn andere Sie weder persönlich kennen noch im Internet finden, dann ist es schwierig, Empfehlungen auszusprechen, und vor allem vergessen Ihre Netzwerkpartner Sie einfach, was allerdings keine böse Absicht ist.

Ich selbst auch oft: „Warum gibst du kostenfreie Webinare, warum verschenkst du 20 Minuten deiner kostbaren Zeit, warum machst du dir Gedanken, was andere brauchen, warum schreibst du so viele Kommentare in Facebook? Das ist doch alles Zeitverschwendung!"

Ich sehe das anders. Es ist wichtig, dass Ihre Kontakte Sie näher kennenlernen, dass sie Ihren Expertenstatus immer und immer wieder wahrnehmen. Denn erst, wenn Sie Vertrauen aufgebaut haben, werden Sie empfohlen oder gebucht werden. Daran erkennen Sie übrigens auch selbst, ob Sie wirklich mit einem Experten zu tun haben, er wird bereit sein, Ihnen viel zu geben, bevor Sie ihn buchen.

Falls Sie also mit solchen Sätzen konfrontiert werden, die die Sinnhaftigkeit dieser Vorleistungen bezweifeln, kann ich Ihnen nur empfehlen: Legen Sie sich ein dickes Fell zu und nehmen Sie das nicht persönlich. Erfolg hat recht! Ihr Weg ist der richtige, wenn er funktioniert und die gewünschten Erfolge bringt.

Vertrauen in sich und in andere gehört dazu, um in Vorleistung zu gehen. Machen Sie es einfach und hinterfragen Sie es nur dann, wenn es nicht funktioniert.

Tu jeden Tag mindestens eine gute Tat für jemand anderen und es wird mindestens eine zu dir zurückkommen, wenn auch nicht gleich heute oder morgen. Das ist der Schlüssel erfolgreichen Netzwerkens.

Wie baue ich ein Business-Netzwerk auf?

Sie möchten eine Netzwerkorganisation aufbauen, mit der Sie für andere eine Plattform schaffen? Gute Idee! Auf den folgenden Seiten möchte ich Ihnen anhand meiner eigenen Erfolgsgeschichte zeigen, wie Sie eine Netzwerkorganisation aufbauen können.

Ich möchte Ihnen zunächst einmal zu der Entscheidung ganz herzlich gratulieren, nicht nur Ihr persönliches Netzwerk zu erweitern, sondern ein Businessnetzwerk aufbauen zu wollen, um wiederum anderen Netzwerkern die Möglichkeit zu geben, dass diese ihr Netzwerk erweitern. Ich weiß aus eigener Erfahrung, was für einen Wert Sie damit in der Gesellschaft kreieren.

Wie ich zum Netzwerken kam

Als ich mich 2007 in München als Finanzberaterin selbstständig gemacht habe, war mir klar, dass ich noch mehr Kontakte benötigen würde, um erfolgreich zu sein. An den Aufbau eines eigenen Netzwerkes habe ich im ersten Schritt noch nicht gedacht, zuerst habe ich mir rund 50 vorhandene

Netzwerkorganisationen angeschaut und deren
Veranstaltungen besucht. Dadurch konnte ich mein
Netzwerk schon stark erweitern, aber da ich damals
selbst noch gar nicht wusste, was Netzwerken bringt
(nämlich nicht sofort neue Kunden), habe ich
gedacht, die Netzwerke sind zwar alle nett, aber sie
bringen mich nicht weiter, denn es kommen dadurch
keine Aufträge. Aus heutiger Sicht sehe ich es natürlich anders. Es hätte mich sehr wohl weitergebracht,
wenn ich mich damals in diese Netzwerke wirklich
eingebracht hätte, was ich zum Teil heute tue. Was
es mir nicht gebracht hat, sind Kunden von heute auf
morgen, aber Sie wissen ja inzwischen von mir, dass
das so auch nicht funktionieren kann. Einige
Frauennetzwerke, die ich mir angeschaut hatte,
waren mir zu wenig auf Business ausgerichtet. Es
gab leider kein Business-Netzwerk für Frauen, das
meine Erwartungen erfüllte und meine Ansprüche
befriedigte. Die bestehenden Netzwerke haben
entweder nicht zu meinem persönlichen Biorhythmus gepasst, oder die Frauennetzwerke waren
mir zu kuschlig und soft. Denn mein Grund, mein
Netzwerk zu erweitern, hatte zu diesem Zeitpunkt
den Fokus, in meiner Selbstständigkeit voranzukom-
men. Das war einer der Hauptgründe, warum ich
2009 einfach selbst mein erstes Netzwerktreffen für
Frauen im Münchner Süden organisierte. Außerdem
hatte ich keine Lust mehr auf Kaltakquise und
unendliche Telefonate. Das Frauennetzwerk
„Marktplatz der Unternehmerinnen", gegründet von
Christel Förstl, gefiel mir vom Konzept her gut. Es
gab einen moderierten Netzwerkabend nur für
selbstständige Frauen, und diese Treffen wurden
bereits im Münchner Osten und Münchner Westen
abgehalten. So wurde meines eine Ergänzung für den

Süden, den ich aus dem Grund ausgewählt hatte, da mein Büro dort lag. Also sprach ich mit der Gründerin, ob ich im Münchner Süden eine Filiale unter diesem Namen eröffnen dürfte. Gesagt, getan. Schon beim ersten Event gab es einen Businessvortrag, denn es war mir von Anfang an wichtig, den Frauen einen Mehrwert zu liefern. Es sollte kein Kaffeeklatsch werden, denn dazu brauchten sie kein Netzwerktreffen. Meine Erwartung an den monatlichen Netzwerkabend war es, ganz konkret neue Businesskontakte zu bekommen. Nach Absprache mit der Gründerin übernahm ich das Konzept des Veranstaltungsablaufs. Für die Moderation des Abends habe ich mir damals jedes Wort aufgeschrieben und ich war super aufgeregt. Ich hatte genau 400 Frauen, die potenziell hätten kommen können, davon waren beim ersten Termin genau acht anwesend. Diese 400 Unternehmerinnen hatte ich alle persönlich bei meinen Netzwerkaktivitäten der letzten zwölf Monate kennengelernt. Unter den acht Unternehmerinnen, die kamen, waren Gesundheitsexpertinnen, Coaches, eine Finanzberaterin, eine Immobilienmaklerin und Imageberaterinnen. Dass von 400 potenziellen Teilnehmerinnen nur acht tatsächlich kamen, hat mich damals enttäuscht. Ich hätte mit einer anderen Quote gerechnet, doch als Vertrieblerin wusste ich andererseits auch, dass dieses Ergebnis normal war. Und da ich grundsätzlich nichts persönlich nehme und ich auch von vielen gehört hatte, dass auf jeden Fall das Interesse an der Veranstaltung da war, doch der Termin nicht passte, hieß es für mich einfach weitermachen.

Was will ich Ihnen damit sagen? Sie brauchen selbst einen großen Kontaktkreis, denn wen wollen Sie sonst einladen? Und am Anfang sind alle neugierig und kommen, doch das Potenzial ist schnell erschöpft, wenn Sie nicht am Ball bleiben.

Es war auch nicht so einfach, einen Raum zu finden, doch hatte ich das Glück, dass unter den 400 Kontakten eine Unternehmerin war, die uns gegen einen geringen Betrag ihren Raum zur Verfügung stellte. Am Anfang haben wir dann die Variante gewählt, den Event immer bei einer anderen Unternehmerin zu machen, doch davon bin ich dann schnell abgekommen, da ich es in neutralen Räumlichkeiten für alle ansprechender finde. Nachdem dann auch die Teilnehmerzahl stieg, war es für uns kein Problem, Hotels oder Restaurants davon zu begeistern, uns Ihre Räume gegen Umsatz zur Verfügung zu stellen.

Was ich schon vorab analysiert hatte, war die Zielgruppe. Es sollten selbstständige Frauen sein, denn ich hatte mir zu dem damaligen Zeitpunkt angeschaut, mit welchen Kunden ich am liebsten arbeitete und von wem ich die besten Feedbacks bekam. So war mir klar, dass ich eine Plattform für selbstständige Frauen schaffen wollte, damals allerdings noch mit der Absicht, einmal im Monat einen Termin zu organisieren, damit ich dort meine Kunden treffen konnte. Heute weiß ich: So geht das nicht. Da Netzwerken ja nicht in erster Linie heißt, Kunden zu treffen, sondern Kontakte zu treffen, die mich dann weiterempfehlen, doch das durfte ich in meiner Netzwerkkarriere auch erst lernen.

Da viele Unternehmerinnen nach professionellen Netzwerkabenden suchten, kam es, dass im zweiten Monat schon 16 Frauen da waren, und ab da ging es aufwärts. Vor der Gründung des heutigen Netzwerkes W.I.N lag die höchste Teilnehmerzahl bei

28 Frauen. Beim 7. Event am 9. September 2009
war unsere Referentin Algunda de Reuter. Sie war
von Netzwerkerin Gabi Frisch eingeladen worden,
also ein Kontakt hinter einem Kontakt. Alle waren
begeistert von dem Vortrag „Verkaufen ist
Begehrlichkeit wecken", und im Zuge dieses Erfolgs
bot Frau de Reuter an, einen Workshop zu organisieren, damit die Damen mehr zu dem Thema
erfahren konnten. Im Oktober 2009 fand der erste
Workshop meines Netzwerkes statt, und der
Kontakt zu Frau de Reuter, einer erfahrenen
Marketingexpertin, vertiefte sich. Sie sah in meiner
Netzwerkidee noch viel mehr Potenzial, als bis dahin
ausgeschöpft worden war. Dieser Workshop wurde
damals von mir zu einem sehr günstigen Betrag
angeboten, sodass er nur kostendeckend war. Mir
war es wichtig, die Unternehmerinnen zu begeistern
und einen Mehrwert für ihr eigenes Unternehmen zu
bieten.
Frau de Reuter bot mir an, mich als Expertin zu
unterstützen und daraus ein gemeinsames Projekt zu
machen. Aus dieser Idee und der Erstellung eines
passenden Marketingkonzeptes entstand
„W.I.N Women in Network". Aus einem monatlichen Netzwerkabend ist inzwischen ein
Unternehmen herangewachsen, das 15 Events pro
Monat veranstaltet und von mir geführt wird – mit
einem Team von 15 freiberuflichen Kooperationspartnerinnen, die mich dabei unterstützen. Es ist
keine ehrenamtliche Tätigkeit wie bei den meisten
Netzwerkorganisationen, die ja auch als Vereine
geführt werden. Die Kooperationspartnerinnen
arbeiten auf Rechnung bzw. erhalten eine
Erfolgsprovision für die Gewinnung neuer
Mitglieder für unsere Community.

Natürlich konnte ich damit gleichzeitig mein persönliches Netzwerk erweitern und ganz viele Expertinnen, Netzwerkerinnen, Referenten und Referentinnen kennenlernen. Ziel meiner Community ist es, Unternehmerinnen aus Deutschland, Österreich und der Schweiz eine Plattform zu bieten, die eine überregionale Vernetzung möglich macht. Die meisten Frauennetzwerke sind nur regional oder dann gleich international tätig, doch wir haben eine Lücke im deutschsprachigen Raum gefüllt, für Unternehmerinnen, die professionell netzwerken möchten. In Workshops und Seminaren – vor allem zu den Themen Vertrieb, Marketing, Erfolg, Motivation und Kommunikation – soll Expertenwissen für Unternehmerinnen weitergegeben und der Austausch von Unternehmerin zu Unternehmerin auf gleicher Augenhöhe ermöglicht werden. Die Seminare und Workshops sind genau auf die Zielgruppe der Unternehmerinnen zugeschnitten. Meine Vision mit W.I.N ist es, Unternehmerinnen zu unterstützen, zu empfehlen und zu fördern, sodass sie am Markt gehört werden und eine Stimme bekommen. Denn jede Unternehmerin ist eine Expertin auf ihrem Gebiet, und wenn wir uns zusammenschließen, ist die Wahrnehmung am Markt wesentlich höher als allein.

W.I.N Women in Network ist eine eingetragene Marke. Wenn Sie neugierig geworden sind und mehr Informationen möchten, schauen Sie doch einfach auf unserer Website vorbei oder kontaktieren Sie mich. www.win-community.de

Die wichtigsten Schritte für den Aufbau Ihrer eigenen Netzwerk-Plattform

Zum Start können Sie einfach so anfangen wie ich. Sie organisieren einen Netzwerkabend, ein Netzwerktreffen, eine Netzwerkparty oder ein Businessfrühstück, was Ihnen am besten behagt. Doch stellen Sie sich die Frage, wen Sie einladen möchten, welchen Charakter die Veranstaltung haben soll und ob sie eine einmalige Angelegenheit sein oder regelmäßig stattfinden soll.

Wenn es Ihr Ziel ist, ein professionelles Businessnetzwerk aufzubauen, empfehle ich Ihnen die folgenden Punkte zu beachten.

1. Ziele und Visionen

Bestimmen Sie das Ziel Ihrer Netzwerkorganisation und Ihre persönliche Vision. Überlegen Sie ganz genau, was Ihr Netzwerk für ein Ziel haben soll und was Ihre persönliche Vision ist, warum möchten Sie diese Plattform schaffen? Und überlegen Sie, welches Ziel Ihre Organisation für Ihre Mitglieder erfüllen soll.

2. Marketingkonzept

Erstellen Sie ein Marketingkonzept, genau wie für jedes andere Unternehmen. Dazu gehören unter anderem der Firmenname, das Logo, Inhalte, Leistungen, Werte, Internetseite und Printprodukte wie Flyer und Visitenkarten.

3. Vertriebskonzept

Das Wichtigste überhaupt ist ja, wie Sie Ihre Organisation bekannt machen wollen. Wer wird in Ihrem Netzwerk aktiv die Akquise machen, damit so viele wie möglich aus Ihrer Zielgruppe davon erfahren? Welche Akquise-Maßnahmen möchten Sie nutzen, um Ihr Netzwerk bekannt zu machen, damit Netzwerker zu Ihren Events kommen? Es gibt viele Möglichkeiten: Social Media, Weiterempfehlung durch Ihre bestehenden Netzwerkkontakte, Pressearbeit, Printmedien, Webseite, Messen, andere Events und die aktive persönliche Ansprache Ihrer Zielgruppe.

4. Empfehlungen

Das Beste sind nach wie vor die persönlichen Weiterempfehlungen. Dazu machen Sie Ihre ersten Mitglieder zu Fans, nutzen Sie Ihre privaten und bisherigen Businesskontakte, auch wenn diese nicht selbst zur Zielgruppe gehören. Bei uns sind auch die Referenten und Referentinnen geniale Multiplikatoren.

5. Messen

Besuchen Sie Messen sowohl als Besucher als auch als Aussteller. Ich persönlich bin eine Freundin davon, Messen als Besucherin zu nutzen, da Aussteller viel zu sehr an ihren Stand gebunden sind und sie nicht so gut frei netzwerken können. Wenn Sie als Aussteller aktiv werden, informieren Sie sich vorab genau über die Zielgruppe, die Besucherzahlen und die Kosten, und überlegen Sie dann, ob eine Standbuchung für Sie Sinn macht. Achten Sie als Aussteller besonders auf ein professionelles Erscheinungsbild und darauf, dass Sie mehrere Standbetreuer haben, damit genügend Zeit bleibt, die Messe auch unabhängig vom Stand zum Netzwerken zu nutzen. Netzwerken auf Messen erfordert Ihre persönliche Präsenz und Aktivität. Gehen Sie aktiv auf Besucher zu und kommen Sie über einen netten Small Talk miteinander ins Gespräch. Wenn Sie selbst Aussteller sind, sprechen Sie die Besucher aktiv an, wenn Sie Personal für die Standbetreuung haben, briefen Sie die Damen und Herren vorab.

6. Newsletter-Marketing

Oft werde ich gefragt, wozu Newsletter noch gut sind, wenn wir doch eh alle im Social Web sind. Ganz einfach, alles, was sich im Social Web abspielt, ist nur geliehen, es gehört nicht uns, wir sind von dieser Plattform abhängig. Deshalb empfehle ich Ihnen, bauen Sie eine eigene Datenbank auf, mit Netzwerkern, die gern Informationen zu Ihrem Netzwerk haben möchten, denn diese Kontakte verwalten Sie dann selbst. Viele Webseiten bieten diese Datenbanken mit an, oder Sie arbeiten mit einer externen Datenbank.

Für Newsletter sind richtig gute Texte notwendig, Content ist heute das A und O, die Leserinnen und Leser möchten einen Mehrwert geboten bekommen. Achten Sie auf eine knackige und griffige Headline, auch Betreff genannt, denn wenn diese nicht neugierig macht, wird Ihr Newsletter gar nicht erst geöffnet. Die Frage, wie oft Sie einen Newsletter versenden sollten, ist nicht so einfach zu beantworten. Sie sollten Ihren eigenen Rhythmus finden, denn bedenken Sie, Kontinuität ist gefragt. Um Ihren Rhythmus zu finden, fragen Sie sich als Erstes, wie oft Sie selbst denn Newsletter haben möchten, beobachten Sie auch die Öffnungsrate Ihrer Newsletter.

7. Social Media-Marketing

Ohne Social Media wäre es nicht möglich, eine Community in dieser Form aufzubauen. Wir nutzen dafür vor allem drei Plattformen: Xing, Facebook und Twitter. Xing macht es möglich, ganz gezielt nach der Zielgruppe zu suchen und dann in Kontakt zu treten. Facebook ist ein wunderbares Medium, um von Veranstaltungen mit Bildern zu berichten und auch mit unseren Fans in Kontakt zu bleiben. Auch zum zusätzlichen Einladungsmanagement nutzen wir diese Plattformen. Sie können in vielen Social Media-Plattformen Ihre eigenen Events anlegen und ganz konkret Ihre Zielgruppe einladen. Ein kleiner Tipp von mir: Teilen Sie Ihre Kontakte vorab in Kategorien beziehungsweise Listen ein, denn das hat den charmanten Vorteil, dass Sie auf einen Knopfdruck die passende Zielgruppe einladen können.

8. Kontakte auf anderen Events

Als Gründerin eines Netzwerkes besuche ich – ebenso wie unser Team und unsere Mitglieder – auch andere Events, wo ich Face to Face auf unsere Community aufmerksam machen kann. Hierbei bedarf es einer hohen Präsenz auf anderen Veranstaltungen mit einer gewissen Loyalität zu dem Veranstalter. Ich persönlich stimme mich gern mit dem Veranstalter ab. Da es mein Business ist, gibt es hier keine Probleme. Sicher wird das nicht von allen Veranstaltern gern gesehen. Ich persönlich habe dieses Konkurrenzdenken nicht, und wenn Sie es vorab offen kommunizieren, dann gibt es auch keine Probleme. Denn meine Meinung ist: Für alle ist genug da, und jeder Netzwerker wird genau das Netzwerk finden, das zu ihm passt. So wird es 2015 erstmals in München eine Netzwerkparty mit mehreren Netzwerken geben, denn ich möchte fördern, dass Netzwerke sich vernetzen. Das geht natürlich nur mit Organisationen, die ebenfalls kein Konkurrenzdenken haben.

9. Kooperation mit anderen Netzwerken

Ich bin ein Fan von Kooperationen mit anderen Netzwerken, denn jedes Netzwerk hat andere Ziele, Visionen und Zielgruppen. Konkurrenzdenken passt meiner Ansicht nach überhaupt nicht zum Netzwerken. Leider denken noch nicht alle so. W.I.N Women hat bisher schon viele andere Events von Netzwerken unterstützt. So zum Beispiel 2013 den Feminess-Kongress in Frankfurt, die Präsentationskonferenz in Darmstadt, den Unternehmerinnentag in Gelsenkirchen und auch in 2014 die Frauenmesse in Dresden.

10. Pressearbeit

Pressearbeit ist vermutlich das, was am meisten Zeit in Anspruch nimmt, wenn man ein Netzwerk gründet. Und vor allem geht das nur über persönliche Kontakte. Deshalb empfehle ich Ihnen schon heute, bauen Sie auf jeden Fall Ihr Netzwerk im Bereich Journalisten, Redakteure und Medien auf und aus.

Steter Tropfen höhlt den Stein, bleiben Sie also dran, ich weiß es, lohnt sich. Unterdessen haben wir es geschafft, drei bis sieben Veröffentlichungen in Magazinen, Zeitungen und Zeitschriften im Jahr zu bekommen.

Wenn es Ihr Budget hergibt, empfehle ich Ihnen, dass sich ein Netzwerker aus Ihrer Community nur um diesen Bereich intensiv kümmert.

11. Rechtsform wählen

Bei der Wahl der Rechtsform Ihrer Netzwerk-Organisation kommt es darauf an, ob Sie schon ein Unternehmen haben oder nicht. Möchten Sie Ihr Netzwerk allein aufbauen oder streben Sie eine Kooperation mit anderen an? Suchen Sie für diese Frage unbedingt Rat bei einem Experten, der Sie zur Rechtsform beraten kann.

12. Gewerbeanmeldung

Wenn Sie ein Unternehmen gründen wollen und noch kein Gewerbe angemeldet haben, sollten Sie das schnell tun, doch vorab unbedingt die Rechtsform klären.

13. Kompetenz und Aufgabenverteilung

Wenn Sie das Netzwerk mit mehreren Mitstreitern starten, legen Sie ganz klar fest, wer welches Expertenwissen hat, um sich für welche Aufgaben einzubringen und wie die Bereiche der Organisation am sinnvollsten aufgeteilt werden können. Das erleichtert die Arbeit und verhindert Streitigkeiten.

14. Zielgruppe bestimmen

Für wen möchten Sie die Möglichkeit schaffen, sich zu vernetzen? Allen, die sich von Ihnen angesprochen fühlen? Oder soll es ein Unternehmernetzwerk sein oder für Führungskräfte oder für eine bestimmte Branche? Soll es für Männer und Frauen sein? Überlegen Sie genau, was zu Ihren Zielen und zu den Zielen Ihres Netzwerkes passt. Sie kennen das ja: Wer alle haben möchte, bekommt keinen.

15. Verbreitungsgebiet auswählen

Peilen Sie ein regionales Netzwerk an, soll es eines für ein bestimmtes Land, eine bestimmte Region sein oder sogar international? Legen Sie sich fest.

16. Kontaktaufbau

Da es ja sehr wichtig ist, dass so viele Menschen wie möglich von Ihrem neuen Netzwerk erfahren, ist es in der Vorbereitungsphase besonders wichtig, dass Sie Ihr Netzwerk täglich erweitern und in dem Fall schon gezielt auf die Zielgruppe achten, dennoch aber auch wertungsfrei bleiben.

Besuchen Sie also andere Netzwerkevents und Veranstaltungen und nutzen Sie die Zeit, Ihr Netzwerk in Social Media gezielt zu erweitern.

In Xing ist das sehr gut möglich, da Sie über die erweiterte Suche ganz gezielt nach Regionen, nach Branchen oder Berufsstatus suchen können.

17. Kooperationspartner und Multiplikatoren suchen

Suchen Sie sich Kooperationspartner, die Expertenwissen haben. Und Multiplikatoren, welche die gleiche Zielgruppe wie Sie bedienen. Denken Sie daran, vorab zu klären, wie die Win-Win-Situation für diese aussehen kann.

Denken Sie auch über die Kooperation mit anderen Netzwerken nach, Sie werden überrascht sein, dass nicht alle den Konkurrenzgedanken leben. Denn ich persönlich bin der Meinung, Netzwerke sollen noch viel mehr miteinander netzwerken, denn wenn sie es nicht tun, wer dann?

18. Eventplanung für das Netzwerk

Wenn Sie für Ihr Netzwerk Events planen, machen Sie einen Plan für die nächsten 12 Monate. Ich empfehle Ihnen, bei der Planung einen wiederkehrenden Termin festzulegen. Überlegen Sie sich auch, ob es immer am gleichen Ort sein soll oder jedes Mal in einer anderen Location oder sogar jedes Mal in einer anderen Stadt. Einige Netzwerke veranstalten die Events auch bei Teilnehmerinnen, vorausgesetzt es ist ein Unternehmernetzwerk und es sind Räumlichkeiten vorhanden. Dabei gilt zu bedenken, dass die Neutralität fehlt. Ebenso sollten Sie den Veranstaltungsrahmen bestimmen.

19. Referentenplanung

Wenn Sie Ihren Teilnehmern zu jedem Termin einen Vortrag anbieten möchten, gilt es, ein Tool an Referenten aufzubauen, die zu Ihren Zielen passen, und dann eine Planung der Referenten vorzunehmen. Ich empfehle Ihnen, auch hierfür Vereinbarungen zu erstellen, damit die Rechte und Pflichten des Referenten geklärt sind.

20. Mitgliedsbeitrag

Entscheiden Sie, ob für Sie der Beitritt zu Ihrem Netzwerk mit einem Mitgliedsbeitrag verbunden sein soll, und wenn ja, in welcher Höhe, oder ob Sie je Event einen bestimmten Betrag berechnen.

21. Leistungen für den Mitgliedsbeitrag

Wenn Sie mit einem Mitgliedsbeitrag arbeiten, wäre noch festzulegen, für welchen Zeitraum die Mitgliedschaft jeweils gilt, und welche Leistungen die Mitglieder dafür bekommen. Wenn Sie mit einem Beitrag je Event arbeiten, gilt das genauso, natürlich können Sie dann noch entscheiden, ob für alle Events der gleiche Betrag anfällt oder von Event zu Event verschieden ist. Bedenken Sie bei Ihrer Planung auch das Wachstumspotenzial Ihrer Veranstaltungen und ob es in den geplanten Örtlichkeiten noch umsetzbar ist.

22. Fans der ersten Stunde

Wenn Sie Ihr Netzwerk allein starten, empfehle ich Ihnen unbedingt, erste Fans zu suchen, die von Anfang an sagen, dass sie mit im Boot sind. Denn Sie kennen den Spruch: Gemeinsam sind wir stark. Es wird somit viel leichter für Sie, Ihr Vorhaben in die Welt zu tragen. Mein Tipp: mindestens fünf Unterstützer, besser natürlich mehr.

23. Eröffnungs-Event

Wenn Sie einen Eröffnungsevent planen, empfehle ich Ihnen, den Termin rechtzeitig festzulegen, damit Sie die Fans unbedingt dabeihaben.

Meine Empfehlung lautet, den Termin mindestens drei Monate vorher zu kommunizieren. Das bedeutet, Sie sollten zu diesem Zeitpunkt schon die Location kennen.

Anschließend heißt es, den Veranstaltungsablauf festzulegen und in die Akquise der Teilnehmer zu gehen, denn meine Devise lautet: „Nicht kleckern, sondern klotzen."

Laden Sie auch unbedingt Pressevertreter und Personen aus Wirtschaft und Politik ein.

Tipps des erfahrenen Netzwerkers – Werner Deck im Interview

1. Wo und wie netzwerkst du am liebsten?

In erster Linie auf meinem Blog. Das ist der Mittelpunkt meiner Netzwerk-Aktivitäten. Meinen Blog verbinde ich dann mit Facebook und Twitter. Ich erzähle spannende, amüsante, ärgerliche, fröhliche und nachdenkliche Geschichten, die mir im Unternehmer-Alltag oder auch privat so tagtäglich passieren.

Fotocredit: Privatfoto/Werner Deck

2. Welches ist deine erfolgreichste Netzwerkstory, die dich persönlich, beruflich oder privat weitergebracht hat?

Netzwerken mittels Social Media ist keine Einbahnstraße. Aus den Tweets und Posts meiner Kontakte habe ich viele wertvolle Informationen und Erkenntnisse für mich und meine Blogs gewonnen und diese dann auch nutzen können, um eine bessere Verbindung zu meiner Zielgruppe aufzubauen. Das wäre ohne Social Media in dieser Form nie möglich gewesen. Dadurch haben sich dann auch einige sehr interessante persönliche Kontakte ergeben, die zu diversen Aktivitäten geführt haben, wie zum Beispiel der Veranstaltung gemeinsamer Seminare und Workshops mit anderen Netzwerkpartnern. Netzwerken und Social

Media sind für mich deshalb auch die idealen Instrumente zur persönlichen Weiterentwicklung und allgemeinen Horizonterweiterung. Spannend und hilfreich!

Geschichten kann ich dazu eine ganze Menge erzählen, schauen Sie gerne mal auf meinem Blog vorbei!

3. Welche 5 Profitipps zum Thema Netzwerken gibst du meinen Lesern mit?

1. Keine Berührungsängste oder Bedenken haben und sofort loslegen. Motto: Learning by doing.
2. Die „richtigen" – sprich zu mir passenden – Netzwerk-Kanäle aussuchen, zum Beispiel Facebook, Xing, Twitter, LinkedIn etc.
3. Erwarten Sie nichts. Beim Netzwerken auf keinen Fall (plumpe) Werbung machen, das will niemand. Geben Sie Wissen und Erfahrungen weiter, stiften Sie Nutzen. Sie werden sehen, es kommt mannigfach zurück.
4. Erzählen Sie spannende Geschichten und berichten Sie von ungewöhnlichen Ereignissen aus Ihrem (Unternehmer-)Leben. Garnieren Sie das Ganze mit passenden Bildern. So erhalten Sie gesteigerte Aufmerksamkeit.
5. Seien und bleiben Sie authentisch und glaubwürdig. Das steigert Ihre Reputation und den Erfolg unter und vor allem bei Ihren Netzwerkpartnern enorm.

Werner Deck, Malerdeck GmbH, Opti-Maler-Partner
Malerbetrieb und Franchisegeber für Malerbetriebe
www.malerdeck.de
www.optimalerpartner.de
E-Mail: firma@malerdeck.de

KAPITEL 6

Es gibt nichts Gutes, außer man tut es

Sie alle kennen das, wenn Sie mit einem Vorhaben nicht gleich in die Umsetzung gehen, dann fressen uns die Tagesaufgaben auf und es bleibt alles wie bisher. Weil ich möchte, dass Sie maximale Netzwerkergebnisse erreichen, damit Netzwerken Ihnen leicht von der Hand geht, kommt nun der Praxisteil dieses Buches.
Viel Spaß beim Tun!

Status quo und Zukunftsplanung

Was sind meine aktuellen Netzwerkkontakte?

Sie haben ja schon ein bestehendes Netzwerk. Menschen, mit denen Sie sowieso enger im Austausch stehen und vermutlich auch welche, die eventuell aufgrund der vielen Aufgaben, die Sie täglich zu bewältigen haben, in Vergessenheit geraten. Schreiben Sie jetzt Ihre wichtigsten bestehenden Netzwerkkontakte auf. Private Netzwerkkontakte (Familie, Freunde, Nachbarn, Vereinskollegen) und berufliche Netzwerkkontakte (Kollegen, Kooperationspartner, Geschäftspartner, Lieferanten) sowie Kontakte aus Netzwerkorganisationen.

Wie kann ich bestehende Kontakte für meine Ziele aktivieren?

Sie sehen, Sie haben schon ein beachtliches bestehendes Netzwerk. Es geht jedoch nicht nur um die Erweiterung Ihres Netzwerkes, sondern auch darum, die bestehenden Kontakte zu pflegen, sich in Erinnerung zu rufen, oder ihnen mitzuteilen, wie Sie sich gegenseitig unterstützen können, um Ihren Zielen näher zu kommen.

Am besten Sie fangen noch heute an! Wie könnten Sie mit vernachlässigten Kontakten wieder in Kommunikation treten? Wie Sie ja schon aus diesem Buch wissen, ist es immer gut, wenn Sie einen „Aufhänger" haben, um ins Gespräch zu kommen.

Hier ein paar Ideen, was Sie tun können. Machen Sie sich doch gleich Notizen, mit wem Sie was umsetzen wollen.

1. Ich nehme telefonisch Kontakt auf mit:
2. Ich melde mich per E-Mail bei:
3. Ich vernetze mich in Social Media mit:
4. Ich versende eine kleine Aufmerksamkeit – ein Buch, ein E-Book, ein kleines Präsent, eine Postkarte – an:
5. Bei meinem nächsten Termin in der Nähe verabrede ich mich mit:
6. Ich schaue im Social Media, welche Events derjenige besucht, nehme
7. ebenfalls an diesem Event teil und lasse es meinen Kontakt vorab wissen.

Sie möchten Ihr Netzwerk erweitern und fangen gleich damit an ...

Damit Ihr Netzwerk stetig wächst, empfehle ich Ihnen, Ihr Netzwerk jeden Tag zu erweitern. Je nach Ihrer Tätigkeit und Ihrer Aktivität kann das unterschiedlich sein. Was können Sie konkret tun? Notieren Sie sich hier, wie Ihr persönlicher Plan für die nächsten Monate aussehen soll.

- Ich möchte......................................neue Kontaktanfragen in Social Media machen. (Überlegen Sie sich eine für Sie realistische Zahl und bleiben Sie dran. Ich empfehle Ihnen, schreiben Sie täglich drei Kontakte an, bei einer Bestätigungsquote von 70 Prozent bedeutet das, dass Ihr Netzwerk im Web täglich um zwei Kontakte wächst und das an 365 Tagen. Also, das kann sich sehen lassen!)
- Ich möchte auch aktiv mein privates Netzwerk erweitern. Und zwar, indem ich ...

Sie sind schon in Netzwerkorganisationen, jedoch eher weniger aktiv?

Notieren Sie sich jetzt, in welchen Netzwerkorganisationen Sie Mitglied sind und machen Sie eine Art Inventur. Welche davon passen zu Ihren jetzigen Zielen und in welche möchten Sie sich aktiv einbringen?

- Folgende neue Netzwerkorganisationen/Events möchte ich in den nächsten Monaten besuchen.
  Machen Sie sich hier Ihre Notizen.

Netzwerkaktivitäten in den Alltag integrieren

Hier ein paar Anregungen, wählen Sie das für sich aus, was Ihnen gefällt:

- Fahrgemeinschaften
- Verabredungen zum Essen
- Messen
- Vernissagen
- Partys
- Social Media
- Event organisieren
- Tag der offenen Tür
- Erfolgsteam
- Sparringspartner
- Seminare zum Netzwerken nutzen

Eigene Ideen:

Was sind meine drei wichtigsten Informationen aus diesem Buch, die ich unbedingt gleich umsetzen möchte:

1. ...

2. ...

3. ...

Tipps der erfahrenen Netzwerkerin –
Eva-Maria Popp im Interview

Eva-Maria Popp blickt auf 30 Jahre Netzwerkerfahrung zurück. Sie versteht es, Privates und Berufliches erfolgreich zu verbinden.

1. Wo und wie netzwerkst du denn am liebsten?

Ich netzwerke, wo ich gerade gehe und stehe. Beim Netzwerken gibt es für mich persönlich keine Unterscheidungen zwischen privaten und beruflichen Terminen, es gibt nur Gelegenheiten, die ich umsetze. Mein Fokus liegt immer und überall auf dem Netzwerken. Es ist, denke ich, wichtig, immer zu erkennen, welcher Kontakt mich weiterbringen kann. Schon manches gute Geschäft ist am Abend in der Hotelbar oder im Urlaub am Pool entstanden.

Fotocredit: Privatfoto Eva-Maria Popp

2. Welches ist deine erfolgreichste Netzwerkstory, die dich persönlich, beruflich oder privat weitergebracht hat?

Im Members Only des *Women's Business Club* ist es üblich, dass sich die Damen zum Jahresanfang vorstellen. Dabei berichten sie von ihren Geschäften und Unternehmungen im vergangenen Jahr und stellen Besonderes explizit vor.
    Bei einer dieser Zusammenkünfte lernte ich ein neues

Mitglied des Clubs kennen – Susanne Krieger, die eine Firma für Büroorganisation leitet (www.kido-ohg.de). Sie berichtete, sie habe eine neue Ausbildung absolviert. Zufällig trafen wir beide uns dann im Anschluss an die Vorstellungsrunde auf der Damentoilette, und ich erkundigte mich noch einmal genauer nach der neuen Ausbildung. So kamen wir ins Gespräch und fanden schnell heraus, dass das Thema „Umgang mit Trauer" für uns beide ein ganz besonderes Anliegen ist. Susanne Krieger arbeitet ehrenamtlich im Hospiz, und ich betreibe seit 2008 die Marke „Sinnvoll Trauern", die sich mit der sinnvollen Umsetzung von Trauer als notwendiger Bestandteil unseres Lebens auseinandersetzt.

Erst durch mein interessiertes Nachfragen und dieses Gespräch erkannte ich, dass Susanne Krieger die geeignete Käuferin für meine Firmensparte „Sinnvoll Trauern" ist, die zum Verkauf stand. Frau Krieger war von Anfang an begeistert von der Idee, die Firma mit neuem Leben zu füllen. Ein halbes Jahr später war dann der Deal perfekt. So sind aus Clubmitgliedern erfolgreiche Geschäftspartnerinnen geworden. Mittlerweile ist Susanne die „neue Seele" von www.sinnvolltrauern.de und wird durch mich und meine Assistentin Kerstin Moser tatkräftig bei der Einarbeitung unterstützt.

3. Welche 5 Profitipps zum Thema Netzwerken gibst du meinen Lesern mit?
1. Immer präsent sein, denn gute Gelegenheiten ergeben gute Geschäfte.
2. Netzwerken heißt immer, „nehmen *und* geben". Mit anderen Worten: Netzwerken ist keine Einbahnstraße! Nur weil ich einem Netzwerk angehöre, entsteht noch kein Geschäft.

3. Netzwerken ist nur dann erfolgreich, wenn die generierten Kontakte zügig bearbeitet und nachgearbeitet werden.
4. Gute Netzwerkerinnen benötigen ein erkennbares Markenzeichen, das garantiert, dass man sich an sie erinnert.
5. Vergessen Sie alle Netzwerktipps und werden Sie authentisch! Authentische Persönlichkeiten hinterlassen einen nachhaltigen Eindruck. So erinnert man sich gern an Sie!

Eva-Maria Popp, Basic Erfolgsmanagement
Branche/Expertise: Unternehmensberatung, Coaching
www.basic-erfolgsmanagement.de
E-Mail: info@basic-erfolgsmanagement.de

Zum Abschluss

Herzlichen Glückwunsch! Sie haben das Ende meines Buches (fast) erreicht und sind auf dem besten Weg, ebenfalls ein Profi-Netzwerker zu werden.

Ich wünsche Ihnen weiterhin viele interessante Kontakte und viel Spaß beim Realisieren der Tipps, die Sie aus dem Buch mitnehmen konnten. Sie kennen ja die 72-Stunden-Regel: Alles, was Sie nicht innerhalb von 72 Stunden anfangen umzusetzen, wird wahrscheinlich nie wahr werden. Deshalb empfehle ich Ihnen: Beginnen Sie am besten noch heute damit!

Für Ihre Fragen erreichen Sie mich unter info@petra-polk.com und natürlich auf den genannten Social Media-Plattformen.

Anhang

Danksagung

Jetzt möchte ich noch DANKE sagen, an alle, die es überhaupt möglich gemacht haben, dass ich dieses Buch schreibe. Der Ursprung wurde durch das Buch von meiner Kollegin Gudrun Fey gelegt, nachdem ich im April 2011 am Flughafen Düsseldorf ihr Buch gekauft hatte, wusste ich, dass auch ich ein Buch zum Thema Netzwerken schreiben möchte, da ich dazu ganz viel zu sagen habe. Danke auch an Susanne Wendel, denn ihr Bestseller „Gesundgevögelt" hat mir den nächsten Schub gegeben, und so gab sie mir 2012 die ersten Tipps, wie ich dieses Projekt angehen kann. Durch Susanne habe ich auch die Frau kennengelernt, die mich regelmäßig motiviert hat, die sich Tage und Nächte um die Ohren geschlagen hat, um meine Texte so zu sortieren, zu strukturieren und zu lektorieren – und die weiß, wie Autoren und Verlage ticken, und was beide brauchen. Danke Isabella Kortz, für deine motivierende Unterstützung!

Danke an meinen Mentor Hermann Scherer, auch du hast gesagt, ein Buch ist wichtig, und hast mir Einblicke in die Autoren- und Verlagsarbeit gegeben. Danke an mein Team, das mir den Rücken freigehalten hat, so dass ich Freiräume hatte, mich diesem Projekt zu widmen. Stellvertretend dafür möchte ich danke sagen an Gabriele Schiffer, meine allerbeste Assistentin Anja Polk und allen geWINnerinnen, die in der Zeit oft auf mich verzichten mussten, wo ich doch so gern mit euch genetzwerkt hätte. Danke an meine Fans, Freunde, Kontakte und Follower, dass ihr immer so viele motivierende Worte für mich hattet, was wäre ich ohne euch gewesen! Danke für eure hilfreichen Kommentare, immer wenn ich nicht weiterwusste, habt ihr mir neue Ideen gegeben. Nicht zu vergessen: Danke an meinen wunderbaren Mann Eckhard Lienert, der auf viele freie Stunden verzichtet hat, mir die Jobs abgenommen hat, die sonst Frauen erledigen, und vor allem für das immer geniale Frühstück.

Weiterführende Literatur

Asgodom, Sabine: Eigenlob stimmt. Econ Verlag, München: 2011.

Bleckmann, Magda: Kleines Netzwerk 1 x 1. Leykam Verlag, Graz, 2013.

Bleckmann, Magda: Die geheimen Regeln der Seilschaften. Leykam Verlsag: Graz: 2010.

Ferrazi, Keith & Raz, Thal: Geh nie alleine Essen! Börsen & Medien, Kulmbach: 2007.

Fink, Klaus-J: Bei Anruf Termin. Verlag Springer Gabler, Wiesbaden: 2013.

Frey, Gudrun: Kontakte knüpfen und beruflich nutzen. Wahalla Fachverlag, Regensburg: 2011.

Hahn, Thorsten: 77 Irrtümer des Networkings. FinanzBuch Verlag, München: 2009.

Kobjoll, Klaus & Wiesmann, Markus: Max das Stimmungsbarometer. Orell Füssli Verlag AG, Zürich: 2012.

Jascht, Barbara: Mehr Geschäft, mehr Leben. CreateSpace Independent Publishing: 2014.

Kestler, Kathrin & Wehrhagen, Marc: Zufriedene Mitarbeiter betrügen nicht. Verlag Epubli GmbH, Berlin: 2013.

Kroeger, Steve: Die 7-Summits-Strategie. Gabal Verlag, Offenbach: 2012.

Linsenmaier, Jürgen: 70-mal Reputation auslösen. Amazon Company, Seattle: 2014.

Linsenmaier, Jürgen & Verleger, T. Gunther: Ihr guter Ruf verkauft! Sonst nichts. Amazon Company, Seattle: 2014.

Lör, Jörg: Lebe deine Stärken. Econ Verlag, Berlin: 2006.

Lutz, Andreas & Rumohr, Joachim: Xing optimal nutzen. Linde Verlag: Wien, 2013.

Meyer-Grashorn, Anke: Spinnen ist Pflicht. Allitera Verlag, München: 2009.

Miasner, Ivan r. Dr. phil. & Conovan, Michelle: Die 29% Lösung. Austria, 2011.

Miedaner, Talane: Coach dich selbst, sonst coacht dich keiner. MVG Verlag, München: 2010.

Piarry, Sabine: Erfolgreich netzwerken. Books on Demand GmbH, Norderstedt: 2008.

Scheddin, Monika: Erfolgsstrategie. Allitera Verlag, München: 2013.

Scherer, Hermann: Wie man Bill Clinton nach Deutschland holt. Campus Verlag: Frankfurt am Main: 2012.

Scherer, Hermann: Der Weg zum Top-Speaker. Gabal Verlag, Offenbach: 2012.

Schneider, Barbara: Fleißige Frauen arbeiten, schlaue steigen auf. Goldmann Verlag, München: 2011.

Staub, Sandra: Facebook für Frauen. Eigenverlag Sandra Staub, München: 2013.

Taxis, Tim: Heiß auf Kaltakquise. Haufe Gruppe: München, 2012.

Vogler, Jumi: Erolg lacht. Gabal Verlag, Offenbach: 2012.

Weinberg, Temar: Social Media Marketing – Strategien für Twitter, Facebook & Co. O'Reily Verlag: Köln, 2014.

Wendel, Susanne: GESUNDGEVÖGELT. Horizon Verlag, Stuttgart: 2012.

Linkliste

Netzwerken

www.wernerhahn.de/kaltakquisition-schnapp-dir-endlich-den-verdammten-telefonhoerer/

www.wiwo.de/erfolg/netzwerken-zehn-tipps-so-vernetzen-sie-sich-richtig/6847120.html

www.wiwo.de/erfolg/beruf/beruf-tipps-fuers-netzwerken-/6129022.html#image

www.karrierebibel.de/netter-worken-45-tipps-fuer-besseres-netzwerken/

www.absolventa.de/karriereguide/kommunikation/networking

www.unternehmer.de/autoren/barbara-liebermeister

www.businessladys.de/karriere/10-gebote-fur-die-business-etikette/

www.schwindt-pr.com/2010/11/09/facebook-seite-haben-reicht-nicht/

www.agitano.com/networking-101-tipps-fuers-richtige-netzwerken/74059

www.agitano.com/12-tipps-erfolgreich-netzwerken-fuer-schuechterne/68474

www.agitano.com/netzwerkexpertin-petra-polk-zu-101-tipps-fuers-richtige-netzwerken/74831

www.wissen-karriere.com/index.php?module=News&func=display&sid=19412

www.karrierenews.de/ArbeitKarriere/Einstieg,Aufstieg,Umstieg,Ausstieg/RichtigNetzwerken.aspx

www.blog.edelundfein.com/empfehlungsmanagement-ein-intelligenter-weg-weiterempfehlungen-zu-generieren/197

www.anneschueller.de/das-neue-empfehlungsmarketing.html

www.win-community.de/content/47/655/

www.win-community.de/content/47/451/

www.salecker-marketing.de/blog/

Elevator Pitch

www.fuer-gruender.de/kapital/eigenkapital/elevator-pitch/

www.elevator-speech.net/anleitung/

www.gruendungszuschuss.de/networking/elevator-pitch/beispiele-aus-wettbewerb.html

Small Talk

www.berufsstrategie.de/bewerbung-karriere-soft-skills/smalltalk-smalltalk.php

www.focus.de/finanzen/experten/holzer/small-talk-so-werden-sie-zum-gefragten-gespraechspartner_id_3901143.html

Social Media

www.friederike.glez.de/blog/

www.facebook-fuer-frauen.de

www.gruenderszene.de/marketing/social-media-experte-twitter-facebook-marketing

www.felixbeilharz.de/959-twitter-follower/

www.felixbeilharz.de/so-erkennt-man-gekaufte-facebookfans/

www.harvardbusinessmanager.de/blogs/fuenf-tipps-fuer-die-praesenz-in-sozialen-netzwerken-a-980249.html

Netzwerk-Events

www.chefin-online.de/unternehmerinnentag/vorankuendigung-2015/

www.womenandwork.de

www.personal-nord.com/content/index_ger.html

www.wko.at

www.ihk-koblenz.de

www.muenchen.ihk.de/de/home/

www.feminess-kongress.de
www.hannovermesse.de/de/konferenzen/highlights/women-power/
www.frauen-zeigen-vielfalt.de
www.zukunft-personal.de/content/index_ger.html
www.didacta.de
www.learntec.de/de/home/homepage.jsp
www.job4oplus.de
www.beauty.de
www.degut.de
www.alster-business-club.de/kalender-veranstaltungen-hamburg.html
www.wirtschaftsclubduesseldorf.de
www.geschaeftsreise-top10.de/business-club/
www.buchmesse.de/de/fbm/
www.leipziger-buchmesse.de
www.wochenanzeiger.de/article/96902.html
www.verkaeufertagung.at
www.xing.com/events
www.wirklichfrau.de

Rednernetzwerke
www.women-speaker-foundation.de
www.speakers-excellence.de
www.rednerhelfen.org
www.germanspeakers.org
www.redneragenturen.org
www.redner.de/redneragenturen/
www.celebrity-speakers.de
www.vortrags-redner.de
www.referenten.de
www.redneragentur24.de
www.5-sterne-redner.de

Wichtige Wegbegleiter

Isabella Kortz – Schreiben und veröffentlichen Sie Ihr Buch – in 186 Tagen!

Sie möchten ein Buch schreiben und veröffentlichen?

Buchcoach und Lektorin Isabella Kortz begleitet (Debüt-) Autoren, Trainer, Speaker, Unternehmer und Privatkunden auf dem Weg zum eigenen Buch.

Individuelles (Buch-)Coaching & Workshops zu: Thema und Titel finden, Exposé erstellen, Manuskript schreiben, Verlag suchen (E-Book, Print), cleveres Marketing, Finanzierung & mehr ...

Interesse an einem 20-minütigen Schnupper-Buchcoaching? Schreiben Sie eine E-Mail an:
mail@isabella-kortz.de
www.buchcoaching.de

BEATRIX KRONE Fotografie

Beatrix Krone ist die Coverfotografin dieses Buches. Sie ist erfolgreiche Fotografin mit Schwerpunkt Businessfotografie. 2004 eröffnete sie ihr eigenes Fotostudio mit einem dreiköpfigen Team nahe Baden-Baden. Sie arbeitet bundesweit als Dienstleisterin für visuelle Unternehmenskommunikation. Beatrix Krone blickt auf eine über 30-jährige Berufserfahrung zurück. 2012 und 2014 wurde sie zum zweiten Mal in Folge für ihre fotografische Handschrift mit Auszeichnung zertifiziert. Was Frau Krone bewegt, ist der Anspruch ihrer Kunden. Was sie motiviert ist, dies überzeugend sichtbar zu machen.
www.beatrix-krone.de

Petra Polk: Ihre Expertin für Netzwerken
Rednerin – Netzwerkexpertin – Impulsgeberin – Social Media-Expertin
Rednerin (auf Events, Vertriebs- und Präsentations-Kongressen, Messen, Tagungen, Symposien, bei Charity-Projekten, Award-Verleihungen …)
www.petrapolk.com
Gründerin des Unternehmerinnen-Netzwerks W.I.N Women in Network
www.win-community.de

Gewinnen Sie mit W.I.N Women in Network

W.I.N Women in Network ist das ideale Netzwerk für Unternehmerinnen und Freiberuflerinnen, die sich überregional vernetzen möchten, den Austausch auf gleicher Augenhöhe schätzen und ein vielseitiges Angebot an Fachvorträgen, Workshops und Seminaren nutzen möchten.

„Die Kontakte von heute sind unser Business von morgen."

Das zentrale Thema von W.I.N geht weit über das Netzwerken hinaus: W.I.N hat das Ziel, Unternehmerinnen mit Marketing- und Vertriebs-Know-how beim Auf- und Ausbau ihres eigenen Business zu unterstützen.

Informieren Sie sich auf unserer Website über unser Angebot und die aktuellen Termine. Um Ihren persönlichen Eindruck zu gewinnen, sind Sie bei uns jederzeit als Gast willkommen!
www.win-community.de